顧盼　　生姿

凍齡教主顧婕的
紅酒養身寶典

◆ Written by 顧婕 ◆

品紅酒，
打造內在與外在
的健康美學

呂慶龍　特任大使

行政院模範公務員（2000 年）
台灣著名外交官，曾三度駐法
駐海地大使，駐日內瓦辦事處首任處長
外交部新聞文化司司長兼發言人
外交部主任秘書

　　我一直認為，品酒文化的展現是觀察人民素質涵養及生活品質的指標，尤其是長年駐法所得到的經驗，讓我深深體會到品酒不僅具有文化力，更具經濟力。

　　根據法蘭西葡萄酒及烈酒出口商聯合工會的所提供的最新數據顯示，2019 年法國酒類的出口金額達到 140 億歐元，是法國經濟非常重要的支柱，影響力僅次於航太業，由此可見，酒真的不再像古時候所說的是「穿腸毒藥」，隨著時代的演進更迭，酒在人類社會中已經有了新的定義、新的價值，而台灣近年來對於品酒的討論越來越多，良好的品酒習慣也廣為接受，這是非常可喜的現象，代表台灣的人民素質大有提升，也見證品味及消費能力顯著提高！

　　在這樣的社會氛圍下，若有專業的品酒師著書論述，將正確的觀念帶給更多人分享學習，那是再好不過的事情，因此我非常樂見擁有正式證照的顧婕女士願意分享品酒知識與心得，期待在她充滿魅力的影響力之下，會有更多人瞭解及重視品酒文化。

　　顧婕女士是一個很勇敢的人，從認識她開始，我就感受到她的勇氣與自信，每每有什麼經歷或收穫，她都非常樂意坦蕩地展現出來，這種基於帶給人們正能量的信念，即使有缺點或遭遇過挫折也毫不避諱，這是我非常欽佩的地方。

　　人生際遇本來就有高有低，能夠坦然面對、欣然接受，我認為就是一種「美」。美的表現有外在、有內在。以外在來說，顧婕對於外表的堅持大家有目共睹，最重要的是她從不遮遮掩掩，反而大

大方方地以「讓人們更了解如何追求美麗」的角度，提供許多具高度參考價值的親身經驗給大家，光是這樣的態度，就讓我看到美的耀眼光芒。而內在的美就更不用說了，顧婕自信滿滿的風采，是多少人奉為榜樣的偶像；她在各個不同領域持續努力，已充分展現重視人生價值！

在這本書裡，除了可以吸收到葡萄酒的相關知識，還能看到顧婕在各個不同層面的人生體驗及觀點，這種積極分享、不藏私的態度，我認為非常值得鼓勵。因為現代社會早已不同於以往，由於時空環境的改變，傳統觀念或許崇尚低調，然而如今就是要懂得溝通、展現自我，並且要言之有物。將自己認為有價值、有意義的事物好好清楚地表達出來，讓普羅大眾能夠借鏡、學習，這會是社會持續進步的動力之一。

除了內在與外在的美之外，健康也是人生中非常重要的一環，甚至可以說健康是展現「美」的必備基礎，畢竟有了健康的身心靈，我們才有餘裕去從事更多自己感興趣的事情。況且，有了健康的體魄，就會有源源不絕、往前挺進的能量，即使遇到挫折也能很快再爬起來，這一點我們在顧婕精彩的人生中就可見到應證。

健康養生也是顧婕極力倡導的重點，在書中她無私地分享了許

多自己日常養生的方法，全都相當具有參考價值，因為那都是她自己本身親自嘗試過的撇步（方法），結果大家也有目共睹，她凍齡的外表就是最好的證明。

　　總的來說，顧婕的書內容非常豐富紮實，值得讀者買回家細細品味，更值得大家推薦給親朋好友，就如同我推薦給您一樣。

　　敬祝大家　健康愉快！

好好養身，
才能享受人生

林心笛　博士

常景有機生物科技有限公司　董事長
日本上越食品株式會社　社長
中華世界養身心靈發展協會　理事長
美國　夏威夷 HONOLULU 大學　榮譽博士

　　這次很榮幸受到同為美魔女的顧婕邀請，看到凍齡美女配上優質美酒，真是夢幻搭配。

　　享用美酒及佳餚著實是人生一大樂事，有家人朋友陪伴更是不亦樂乎。不過懂得享受，更要懂得節制；畢竟要享用香醇美酒、豐富佳餚時，更要懂得維持健康。想起我自己多年前因在商場馳騁，熬夜應酬、觥籌交錯，過度揮霍健康，而讓自己突然倒下，嚇壞了自己和家人。回想那段不懂得平衡生活的日子，真是不堪回首啊。

　　所幸藉由養生蔬菜湯、發芽玄米湯長年調理之下，才讓自己好不容易重拾健康。並且意想不到的是，除了體內獲得正面調養之外，更讓我外表容光煥發、每日神采奕奕；追求健康的同時，自己搖身一變，成了一位養生達人，並且身邊的親朋好友們更稱我為「蔬菜天后美魔女」。

　　經過這段經歷，讓我明白有了健康的完善好基礎，才能好好享受人生。衷心期盼顧婕可以常保健康美麗，並且在品酒的領域中，越加專業精進，跨入國際，成為品酒界的臺灣之光！

願顧婕帶領我們
共尋酒神之樂

梁幼祥
台灣食神、美食名家

　　女兒十歲那年，她突然問：「爸、我們有家訓嗎」？我說「有，而且只有兩個字」她用疑惑的眼神看著我……我說就是「開心！」女兒聽了哈哈大笑，說老師要她們背誦的都是很長的，怎麼我們家的才這麼短？

　　女兒讀高三那年，突然對我說「爸、我們的家訓……好難哦……」我內心知道她開始懂事了。

梁幼祥

　　的確！隨著年齡增長、經歷的事情越多，「開心」這兩字就越來越難！

　　顧婕新書的第一章，開宗明義地指出「開心」為品酒的第一心境，接著隨著她由淺入深的一些入門法則，去體會葡萄在不同地域與不同的工藝中產生的品味與喜悅！

　　我一直認為「酒」是引領人們進入一個能「超越」虛幻、快樂的媒介！

　　最早種植葡萄量產的希臘，他們有個酒神——狄奧尼索斯。

　　他在希臘神話故事中、意味著就是快樂與喜悅，在當地盛大的節日時，他總喜歡喝著酒、置身在一群美麗的女祭司喧騰歡樂的氣氛之中……

　　永不退卻美麗的顧婕，用開心引領著大家理解紅酒、喜歡紅酒！

　　我更期待她能像古希臘神話中的美麗女祭司、用酒帶著大家一起追尋～開心的酒神狄奧尼索斯！

✕✕✕✕✕✕✕✕✕✕✕✕✕✕✕✕✕✕✕✕
✕✕✕✕✕✕✕✕✕✕✕✕✕✕✕✕✕✕✕✕

美麗
需要內外兼修

李耶文
臺灣健康減重推廣協會
創會理事長

　　人類男女間互動的表現，以愛和美流露。顧婕把女性呈現美麗的追求欲，在生活中勇於嘗試各種方法，追求健康、窈窕身材、青春、美麗，此乃女性一生中，追求完美人生，不可或缺的元素。

　　女性美必須建立在健康的基礎之上、然後是活力的生命表現、青春的體態、美麗的肌膚，這是順序、原則。從顧婕她身上可以學到這智慧！許多女性在美的追求上，失去健康，只強調外表美容，忽視內的生理健康，這是最愚癡的事。

顧婕的生活習慣中，有些非常有價值的作法；除了享受紅酒，透過品酒提升品味以及補充葡萄多酚活化身體機能，另外一點相當重要，就是每日淨腸，而且持之以恆。這是值得學習的衛生、時尚生活！讓自己的身體有良好的輸入與輸出，才能展現生命的活泉。

有位釋悟泰法師，題詩如下：

因緣難得今已得
淨法莫聞今已聞
今日不欲淨此身
污穢此身何時淨

此詩內容也可用來闡釋，顧婕生活習慣的保養祕訣。

在臺灣資深藝人中，顧婕一直是日新又新的代表，常常看到她懷抱一顆謙虛的心，努力學習並且追求真善美，以及時常分享信仰的美好；喜悅、助力、也是她生命中很重要的部分，不受年紀所限制追求身、心、靈健康，一直是她盼望的人生！我相信她也確實做到了。

出書向世人告白，特別是美麗的告白，這是件不容易的事，要把自個兒的隱私公開、坦然的分享，當然，自信滿滿是一定要的，因此，我們在她身上也能看見此大方、無顧慮的性格。希望這本書的問世，能帶給更多女性同胞，勇於追求更美好的人生。

× × × × × × × × × × × × × × × × × × ×
× × × × × × × × × × × × × × × × × × ×

紅酒之美，
令人一生追求，
學無止盡。

　　紅酒的發源地是地中海一帶，歷史可以追溯到非常久遠以前，累積下來少說也有超過千年的智慧與文化，因此在西方世界（特別是歐洲），紅酒是日常生活中不可或缺的重要元素，一直以來就肩負著點綴西方人生活的任務，當然所有紅酒相關的知識與學問，也是西方最為盛行、最為普及。

　　但在台灣,紅酒仍算是相當陌生的酒類飲品,大約在 1990 年代,由漢時企業總經理吳堃龍引進了第一瓶紅酒,台灣才開始算是正式與紅酒結緣,雖然在此之前也有不少喜歡紅酒的人士去西方取經、接觸,不過都是零星的紀錄,並沒有掀起大範圍的流行。

　　也就是在 20 多年前左右吧,有一次我跟幾位好朋友到亞都大飯店聚餐,席間我們共開了 3 瓶紅酒品嘗,記得我們每個人都喝得很開心,對紅酒留下深刻印象。更教人難忘的是,當天的結帳金額高達 10 萬元,而 3 瓶紅酒就占了 9 萬之多。大家可以思考看看,那個年代的 9 萬會是相當於現在的多少錢?這也表示對當時的台灣來說,紅酒來源稀貴,因此要價不菲。

　　從那時候起,我就對紅酒念念不忘,因為我可以感受到在它高貴的身價之下,潛藏著深不可測的文化底蘊。

××××××××××××××××××××××××
××××××××××××××××××××××

我很想學習、很想深入了解，不過可惜當時沒有什麼適合的管道，台灣也還沒有合格的師資。時至今日，紅酒已經廣泛地走入了台灣人的生活，在餐廳裡開一瓶紅酒來佐餐已經是習以為常的事情，一般的超市或者便利商店，也可以很方便地買到價格實惠且醇厚好喝的紅酒。

經過這 2、30 年的催化，紅酒在台灣人心中已經有了不同的形象，不過就我的觀察，真正了解紅酒文化的人還是不多。對我來說，每一瓶紅酒都有自己的個性、自己的歷史、自己的韻味，甚至同一瓶酒每個人喝起來也都會有不同的感觸。為什麼會如此？想要探究原因，就真的必須要好好地學習紅酒的歷史與文化。

我認為，與其不斷去餐廳喝紅酒、聽業務介紹，或是聽有經驗的人分享，倒不如自己真的投入一個環境之中，好好地去深入學習，因此我在 2017 年得知 WSET 英國葡萄酒與烈酒教育基金會所主辦的 WSET AWARDS 葡萄酒第一級 L1 認證課程之後，便二話不說報名參加了，經過一段時間的學習，也終於順利拿到這張國際認可的證書。

有朋友說，一級認證是很基本的，許多專業的侍酒師，都具備四級甚至五級的資格（但台灣的認證只到三級，四級以上要赴香港

進修。）我當然很認同鑽研學問、追求專業的態度，因此只要時間允許，我一定會繼續向上挑戰，繼續拿下二級、三級的證書。

在這段學習過程中，我也發現紅酒真是非常豐富的寶藏。除了有藝術價值，帶來優雅美味的口感，也對我們的健康與生活增添許多精彩豐富的元素。因此，我希望藉由分享自己個人小小的經驗及心得，讓更多人能理解紅酒、學會品酒，最終愛上紅酒。

這就是我願意主動學習，並且還寫成了書的初衷。

人生路漫漫，一路都需要學習，而且無論學習過程是快樂還是痛苦，所有學到的知識、經驗，就都是自己的，那是最豐盛的人生資本，沒有人可以拿得走。所以我也想鼓勵所有讀者，不管是紅酒，或者是任何你感興趣的領域，一定都要保持學習的熱情好好鑽研，因為唯有在不斷學習、不斷充實自己的過程中，我們才能成為更好的人。

Happiness is the most important thing.

人活著，開心最重要！

　　一直以來我都認為「人活著，開心最重要」，因此過去不管是上節目、做事業，或是去整形等等，基本上我都是為了讓自己開心。

　　我喜歡自己美美的，那讓我有自信，為了保持年輕與美麗，我會願意不斷藉由進步的醫美技術來幫助自己。新聞媒體因為我樂於分享整形的成果，而給了我「整形皇后」、「整形女王」之類的封號，但其實我的初衷很單純，就是想要呈現出最美的一面，那會讓看到我的人開心，我看到鏡子裡的自己也會開心。

> 凍齡最大的秘訣，
> 就是開心過日子。
>
> 不要在生活中
> 自尋煩惱。

> 保持年輕的面容及
> 勻稱的體態
> 有很多方法，
>
> 但唯一不變的關鍵，
> 就是「持之以恆」。

凍齡，
是源自於開心。

　　每當我認識新朋友，在彼此互相熟悉的過程中，對方要是知道了我的年齡，往往都會相當訝異。「你看起來好年輕」、「至少比實際年齡年輕 10 歲」、「保養得真好」……諸如此類的評語我經常會聽到。其實，我很喜歡看朋友在知道我的年齡之後的反應，我知道那對我來說是一種讚美。

　　在知道我的實際年齡後，有很多人就會問我保養的秘訣，尤其是女性朋友，她們都希望能像我一樣凍齡，不讓歲月這把殺豬刀在肌膚上肆虐。但我必須要説，保持年輕的一個最大的重點，就是發自內心感到開心。為自己開心、為生活開心、為能夠享受美食開心，也為能跟朋友家人一起相處而開心。

　　我常會説自己很笨，腦筋很直，不會想太複雜的事，更不懂爭權奪利、用盡心機到底有什麼好玩的。

　　笨，是一種單純，像孩子一樣，容易開心、容易滿足。就是因為這樣，所以我很容易快樂，每天都保持好心情，自然看起來就會年輕許多。

Follow your heart.

IT WON'T LAST LONG,
IF YOU ARE NOT HAPPY.

勉強自己，
是無法持久的。

　　不過，想要讓自己一直都保持健康年輕的狀態，並不是一件容易的事情，畢竟生而為人每天都在老化，歲月不曾停下腳步，而且生活環境中的各項不利條件，包含惡化的空氣、過度精緻的飲食、工作的緊張壓力等等，也都一直在逼出我們的白髮跟皺紋，光是想要靠醫美微整形來抵抗這些威脅，是不可能有多大成效的，因此我還會做大腸水療，一做就做了 8 年，目的就是替身體排毒，幫身體一把，藉以維持年輕的體態；另外，我也崇尚運動，從 23 歲左右，我就養成了上健身房運動的習慣，到現在也將近 30 年了。

　　做這些事情，包含整形、運動、大腸水療等等，都是我真心喜歡、發自內心想要去做，所以不會有勉強自己的感覺。我認為任何事情只要做得不開心，必須得勉強自己去做，就難以持之以恆。

　　就像有些人會覺得運動很辛苦，每天可以有很多時間滑手機追劇、玩手遊，但就是不願意離開椅子或床鋪，讓自己動一動、流流汗，原因很簡單，就是因為滑手機能讓自己開心啊。而我喜歡去運動也是因為如此，運動能讓我開心，同時還能藉此保持勻稱的體態，多好。

> **"**
> 我認為任何事情只要做得不開心，
> 必須得勉強自己去做，
> 就難以持之以恆。**"**

緩慢而優雅地
體驗人生

　　想要年輕美麗的外表不容易，平常在生活中還是要多保持良好的生活習慣，除了運動以外，早睡早起、喝足夠的水、選擇健康無負擔的食物等等，也都能幫助自己對抗老化，當然，每天適量喝點紅酒，也是相當好的保健良方。

　　很久以前我就曾聽過喜歡喝紅酒的好處，比方說預防心血管疾病、延緩老化、提升新陳代謝率等等，所以若有機會我就會多少喝一點。然而過往的我並不了解所謂的紅酒文化，也不知道原來好的紅酒會有那麼神奇的層次變化，而且跟合適的美食搭配起來，更是替雙方都加分，這些都是我在學習品酒的過程中才了解到的知識，後來我也考取 WSET AWARDS 葡萄酒第一級 L1 證照，成為專業的「侍酒師」。

　　歐美的紅酒文化相當迷人，跟台灣人在應酬時習慣的那種大口吃肉、大口喝酒的氣派完全不同。

　　我因為喜歡交朋友，所以在各個領域都有認識的人，自然也有很多機會享受盛宴、把酒言歡。然而在學會品酒之後，我開始覺得用拚酒的方式一口氣就把高價且珍貴的好酒猛喝下去的方式，真的有點浪費。

　　緩慢優雅地細細品嘗紅酒，能夠感受到葡萄的酸甜苦各種滋味，以及許多蘊含其中的美妙氣味。

　　我覺得，喝紅酒的過程就好像是在品味人生。

　　入口酸酸澀澀的，不久後開始轉甜、回甘，甚至還會飄出各種果香。層次的變化是紅酒真正的魅力所在，但如果喝得太快，完全

Taste of life

> 與三五好友餐敘共飲，是我最喜歡做的事情之一。
>
> 開心去做自己喜歡的事情，
> 因為能做自己喜歡的事而開心，
>
> 那麼凍齡就會是最顯著的附加價值。

沒有讓紅酒在舌尖口腔有停留的機會，當然也就難以體會到這麼多不一樣的滋味。人生也是如此，一直拚了命地向前跑，為了追求成功或名利而狂奔，不曾停下腳步看看沿路的風景，當然也就會錯失許多人生美好的片刻。

STORY
整形春秋
Plastic Surgery Story
Vol.2

2019台灣整形外科年會花絮
醫療科技展花絮

WHY
AND
HOW
I DO

精準醫學之鑰
3D列印技術應
用於顏面骨折手術

中重度
下肢淋巴水腫
替代療法
超微淋巴管靜脈吻合手術

AI照護，大數據
術後傷口追蹤系統App

逆轉魔皺
拉皮手術技不同

微整青春實證
還你閃亮雙眸、甜蜜微笑脣

未來十年醫療發展趨勢
整形春秋 憶恩師

封面人物：整形皇后 顧婕

本期總編輯：
戴浩志主任

Live for myself

為自己而活！

　　我曾在接受知名雜誌「整形春秋」的採訪時，提到李開復所倡導的一個觀念，那就是「我們都要做最好的自己，並且要有 Lead your life 的信念，活出自我。」多年來，我因為累積了不少整形的經驗，所以在媒體上成了記者炒作追問的焦點，雖然整形與微整形產業因為我的關係而受到更多的注目與重視，但我卻沒有因此感到開心，反而承受了不少壓力。

　　後來，我將壓力轉為動力，積極分享自己的經驗，並用正面的態度介紹整形、微整形的正確資訊，希望能鼓勵更多愛美的女孩勇於追求自己的美。整形本來就是一種選擇，能夠正確且安全地享受新進的技術，有何不可，當然前提是要選擇自己真正能夠安心的管道。

　　整形的評價見仁見智，不過我相信對於健康與美麗這兩個人生重要的關鍵，大家的看法應該都是一致的。健康與美麗非常重要，而我也透過實際的行動在每天的生活中落實對於這兩個目標的追求。如今深入認識紅酒，並以「凍齡教主」的新定位分享喝紅酒的好處，為的也是希望能影響更多人一起來品酒，並且跟我一樣打造快樂、健康又美麗的均衡生活。

　　品酒就像是在品味人生，在這本書裡面，我將用自己的角度來為大家介紹紅酒，以及我的生活態度，當中更包含凍齡的養生哲學。希望透過這本書的出版，能讓更多人愛上紅酒、懂得品酒，甚至更進一步能像我一樣，在生活中找到樂趣，為自己活出開心的人生。

CON TENTS

．1．

凍齡教主的美麗哲學

.1.

凍齡教主的
美麗哲學

> 有了侍酒師身分之後，
> 我多了不少向朋友們分
> 享品酒秘訣，以及紅酒
> 文化底蘊的機會。

沒有人規定
五十歲
該是什麼樣子

✕✕✕✕✕✕✕✕✕✕✕✕✕✕✕✕✕✕✕
✕✕✕✕✕✕✕✕✕✕✕✕✕✕✕✕✕✕

I am
50.
So what ?

　　我在台灣有四個第一。

　　我是台灣第一個踏上北韓國境的藝人，那一年我差不多 30 歲左右吧，跟著扶輪社的姊妹淘一起搭乘高麗航空去的。還記得我當時是坐商務艙，但並不是很舒適的一趟飛行。到了北韓後，街道的景象及人民的生活狀況讓我印象深刻，總而言之就是跟台灣大不相同。

　　我是台灣第一個登上 playboy 封面的藝人，這個我在媒體上都直言不諱，就像我很樂於去談自己有整形一樣。

　　我是台灣第一個掀起兩岸微整形風潮的藝人，主要是因為我整形的經驗很多，包含微整形的話，前後加起來超過 200 多次，而且我還經營過醫美整形事業，對這一塊的最新研究及技術發展較為熟悉。

　　當然，最重要的是我願意坦率地去談整形這件事。

　　愛美是人的天性，既然醫學的發展能夠幫助我們變得更美，何必抗拒或是遮遮掩掩，這是我的基本態度。

　　不過當然每個人有不同的看法跟觀點，一直以來我都只是希望能夠藉著自己的經驗分享，讓更多也想要嘗試整形的朋友可以有一個參考依據。

　　最後，我也是台灣第一個考取侍酒師證照、擁有品酒專業的藝人。

別讓年齡成為限制

要拿到侍酒師證書說難不難，說簡單也不簡單，重點就在於自己有沒有想要學習的心。就我的觀察，現代人的生活大多過得辛苦又忙碌，身旁就有不少朋友經常訴苦說自己連睡覺的時間都不夠，但我發現大部分的人對於學習還是相當有熱情，像是自己看書、上網學習，或是報名參加各式各樣的課程之類的，我相信那是因為學習能夠為人生帶來更不一樣的未來。

「活到老，學到老」雖然是一句老話，但卻有其道理，每個人都應該多多投資腦袋，有機會就替自己充充電，對我來說，學習是為了讓生命更多姿多彩，而非單純只是擔心被時代的洪流所淘汰。

就像我會主動去報名學習 WSET 的葡萄酒專業課程，主要也是希望能在喜歡喝紅酒之餘，對葡萄酒的細節以及既有的文化有所了解。在學習的整個過程中，我從未去考量到自己的年紀，現在如此，以後也會是如此。

人都是這樣的，只要真心想做，就會去找 100 種方法，然而一旦有所抗拒，就會替自己找 1000 個藉口。

當朋友推薦我去上 WSET 的課程時，我幾乎是當下就決定報名了，沒思考過自己的年紀，更不會礙於公眾人物的身分而怯步。對我來說，行動是最重要的，最佳時機往往就是跨出第一步的那個瞬間。

No Age Limit.

凍齡是附加價值

　　就像我在前言所提到的，一直以來我所信奉的人生準則就是「追求快樂」，而保持年輕的容貌與體態，受到眾人的注目與讚美，能讓我發自內心感到快樂與自信，所以任何能讓我開心的人事物，我都會想要去接近、去嘗試。

　　以人來講，就是優質的人脈。我們所認識的朋友，每一位都可以讓我們的眼界更開闊，因為每個人的人生經歷都不一樣，專長及思維模式也都不盡相同，所以在人際互動交流中，往往都能得到許多珍貴的訊息。

　　我之所以能夠接觸到很多領先市場、走在趨勢前端的產品或服務，就是因為我在各個不同領域都有好朋友。比方說醫美市場，隨著我整形的經驗及次數不斷增加，我認識到的醫生或這個圈子裡的人也就更多，因此到了現在，醫美及整形的市場若有任何風吹草動，我幾乎都會在第一時間就收到消息，像是最新的醫美技術，我一定會早在網路上開始流行起來之前就知道，甚至經常會受邀試用。

　　以事來講，就是去做自己喜歡的事情，這句話說來簡單，但我發現大多數的人並沒有辦法做到，光是在我身旁的朋友圈，無論是

> "各式各樣的派對或聚會,我都喜歡參與,因為
> 這是與不同領域的菁英人才交流的好機會。"

開店做生意的老闆、在大企業上班的高階主管,或是像我一樣在演藝圈及自己的事業上努力的藝人朋友,嘴裡最常說的一句話就是「太忙了」,若要約去玩或是聚餐,往往也都是一句「下次再說」就帶過。

把自己想做的事情排在工作或是家人後面,這是人之常情,習慣犧牲奉獻的台灣人,傳統觀念就是自己苦一點、犧牲一點沒關係,家人好、身旁的朋友好,那就好了。這是很好的觀念,但我認為在這樣的觀念下,若是能將自己也排進關照的名單中,平時多留一點時間跟心力對自己好一點,去做點能讓自己開心的事,甚至帶著家人及朋友一起去做,那麼生活的樣貌就會變得完全不同。

我是個很單純的人,很容易可以快樂,也很喜歡自己找樂子。比方說在受邀參加各式各樣的派對或宴會時,只要時間允許我幾乎都很樂意出席,因為跟人互動暢談,就是我非常喜歡做的一件事。當然我也會自己舉辦類似的活動,尤其是在正式成為侍酒師之後,我就多次在餐酒館主辦品酒會,邀請好友一起來喝好酒、享美食。許多演藝圈的藝人朋友,或是幕後的工作人員,都曾參加過我辦的品酒會。

最後想來談談物,也就是包含所有能讓我感到開心的東西。我很重視外表及身材,所以能讓我保持年輕、健康、美麗的東西,只要真的有效果、有價值,我就會願意掏腰包買回家。後面我會介紹我很愛用、每天都睡的一條能量毯,它讓我夜夜好眠,越睡越健康,所以雖然售價是 7 萬元,我還是覺得物超所值,並且還成為它的代言人,一有機會就向朋友推薦。

從人事物各個角度去深入挖掘,找出能讓自己開心的元素,然後就拿出行動力去執行,自然就能越過越開心,在這個過程中,人也會越來越輕鬆、越來越年輕,這就是我的凍齡秘密。

"
笑容與自信，
也是凍齡非常重要的元素，
希望大家都能跟我一樣，
活出自己最喜歡的樣子。
"

Love yourself,
Live yourself.

活出自己最喜歡的樣子

　　我很喜歡在臉書上分享自己的生活，包含吃美食、上健身房運動、跟朋友一起品酒，還有上節目的花絮等等。跟粉絲分享生活，一起在網路上互動，也是我生活的一部分，不管是在螢光幕前、在專業領域，或是在人際社交場合，都是真實的我，用心認真在過生活的我。

　　所以若要談到凍齡的養生秘訣，在進入主題聊實際的作法之前，我會希望先將我認為對我自己幫助相當大的觀念帶給大家，那就是「活出自己最喜歡的樣子」。在人生的舞台上，每個人都是聚光燈聚焦的焦點，每個人都是閃耀的巨星，雖然生活酸甜苦辣、雖然人生起起伏伏，但無論如何，這場人生大戲都是屬於我們自己的，要讓自己成為什麼樣子的人，也都是由我們自己決定。所以，既然「開心也是一天、煩惱也是一天」，那何不就努力為自己創造開心快樂的場景，好好對待自己、好好過生活。就像憲哥常說的，「笑容是最好的化妝品」，做自己喜歡的事，讓自己常保笑容，年齡自然就會凍結在你最美的時候。

有在關注我臉書粉絲頁的朋友想必都知道，我真的是一個受不了美食誘惑的人，我的原則是，有吃美食的機會就要好好把握，至於身材的維持，那就交給運動吧。

先前我看過一本書，是李開復的自傳「世界因你而不同」，內容寫得非常好，對我影響頗深，其中讓我霎時頓悟的一句話，就是「我們都要做最好的自己，並且要有 Lead your life 的信念，活出自我」。為什麼我會對這句話印象深刻，最主要的原因就是我曾經迷失自己。

當我整形的消息開始在新聞媒體曝光的時候，一時之間整形的話題變得火熱起來，我也以整型皇后之姿上了不少節目、接受了無數的採訪，更有整形或醫美的業者來找我當代言人。對此，我心懷感恩，也非常開心能讓自己的影響力有所發揮，並且還可以將我自己的觀念分享給更多人。我跟大多數的人不一樣，對於整形，我並不認為是一件壞事，甚至我非常鼓勵有整形需求的人，先好好了解整形的技術發展與實際情況，避免因為自己既有的錯誤觀念而耽誤了變美的機會。

我想要做的，是將正確的資訊傳達給更多人，然而因為媒體的宣傳及炒作，讓我開始成為整形及醫美的標竿人物，無形之中增加了不少壓力，而且我整形的經驗也不斷在網路上被消費，這並不是我樂見的事情。

幸好在看了李開復的書之後，我得到了啟發，將壓力化為動力，並且積極調整自己的形象，打造「凍齡教主」的新定位，進而宣導全新的養生概念，讓更多人能在心理與身體都達到一個平衡。

> **"**
> 幾年前以整型皇后之名所出版的《青春不悔的告白》，
> 書中詳細記述了我的整形部位及次數，
> 在整個演藝圈我是第一個敢於如此坦然談整形的藝人。 **"**

Tips to remain young.

身心都常保年輕
的秘訣

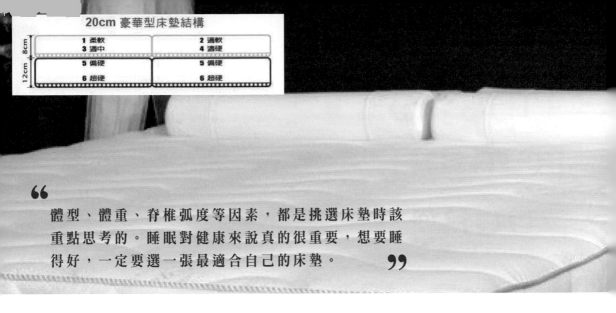

20cm 豪華型床墊結構

8cm	1 柔軟	2 適軟
	3 適中	4 適硬
12cm	5 偏硬	5 偏硬
	6 超硬	6 超硬

" 體型、體重、脊椎弧度等因素，都是挑選床墊時該
重點思考的。睡眠對健康來說真的很重要，想要睡
得好，一定要選一張最適合自己的床墊。 "

教主的凍齡 3 大祕訣
自律、中庸、睡眠

　　為了維持自己的美麗，顧婕每天都活得很認真，運動、控制飲食、
美容、護膚，樣樣不少，再加上嘗試各式各樣的醫學美容，可以說是每
天的 schedule 都滿滿滿。除了整形之外，真正對自己感到驕傲的一點，
是我讓歲月在我臉上停下腳步的本事。

1：自律

　　醫學技術的進步能幫助我們提升自己的美，讓現代人多一個追求美
麗的好選擇，但很多整形醫師都曾說過一個觀念，那就是整形無法取代
一切。想要讓自己的外表維持在最佳狀態，減緩歲月在臉上及身體的刻
畫，就要在日常生活中養成良好的習慣，像是早睡早起、每天補充足夠
的水分、適當運動，以及保持好心情等等。

　　以我自己來說，雖然我累積了多年的整形經驗，但上健身房運動的
歷史維持得更長，在過去的 30 多年裡，我無論再忙再累都還是會固定
去運動，這是我能夠凍齡，看起來比同齡人更加年輕的重要關鍵之一。

除此之外，我每天早上還有一個例行公事，那就是做大腸水療，幫助身體排出不需要的老舊廢物跟毒物，藉以保持年輕活力。不想被歲月打敗，有兩個字非常重要，一定要記在心裡，那就是「自律」。

2：中庸

演藝圈裡頭有很多女星為了保有好身材，逼迫自己拒絕美食、經常挨餓受苦，甚至食不知味，我想這是大家都心照不宣的秘密，不只台灣如此，日韓等國家的偶像明星都有這樣的狀況。

外表是藝人的武器，當然得盡可能維持在最佳狀態，不過我必須坦白說，對於美食我實在沒有抵抗能力，當然我更不希望自己為了演藝事業而大大影響了生活品質，因此我會在該享受的時候盡情享受，但會提醒自己「夠了就好」，不會暴飲暴食，讓熱量失控。

在良好體態與生活品質中間取得一個中庸的平衡點，人生的路才能走得開心、走得長遠。

3：睡眠

睡眠是我們人經過一天的勞動累積大量疲勞後，讓身體恢復活力最好的方式。相信大家應該也都聽過「睡美容覺」的說法，這並非沒有依據的空談，很多專家學者已經證實睡眠時腦下垂體所分泌的生長激素，能幫助我們防皺抗老。

因為深知睡眠的重要性，所以我對睡眠一向講究，除了盡量在對的時間（晚上 11 點至凌晨 4 點之間）休息，也會挑選好床墊、好枕頭，為自己打造最舒適的睡眠環境。

另外，睡眠其實也跟專注力以及工作效率有很大的關係。我知道現在有很多人為了要在社會上出人頭地、功成身就，往往不惜犧牲睡眠時間，殊不知這這樣做反而會離成功越來越遠，因為腦細胞一旦無法獲得充分休息，思考的效率就會大為降低，做起事來當然就容易丟三落四、事倍功半。

　　我對睡眠品質的認知與知識，主要來自我的好朋友曾總，他在台北經營「戀戀生活名床」，專賣床墊、枕頭等寢具，他最有名的一句口頭禪，就是「不要相信我，相信自己的神經。」

　　的確，在躺過曾總家出產的床墊後，真的會有回不去的感覺。他會用肌肉神經能量測試的方法，協助消費者找到最適合自己的床墊軟硬度，而且同床共枕的兩人所需的軟硬度不同，戀戀生活名床也能夠一次滿足，看來是一張床，卻有兩邊不同的軟硬度，這才是真正的雙人床。

打造優質的睡眠環境

　　戀戀生活名床的床墊有六種不同的軟硬度等級，分別是柔軟、適軟、標準、厚實、適硬、超硬。一般來説，年紀越大床墊要睡越硬，讓胸椎及腰椎有更好的支撐。至於要如何找出最適合自己的床墊軟硬度？那就得要實際躺在床墊上觀察肌肉神經的反饋，合適的床墊能夠幫助我們輕鬆抵抗外力，要起身時也不會拖住身體的動作。

　　大多數的人在挑選床墊的時候，要不就是完全沒試躺，要不就是躺了之後自由心證，用自己的感覺去作出選擇。其實我以前也是如此，若非認識曾總，從他那邊學到那麼多床墊的知識，恐怕我現在都還睡在不適合自己的床墊上。

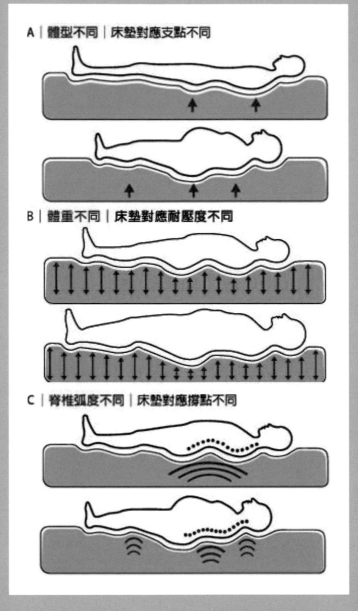

A ｜ 體型不同 ｜ 床墊對應支點不同

B ｜ 體重不同 ｜ 床墊對應耐壓度不同

C ｜ 脊椎弧度不同 ｜ 床墊對應撐點不同

六種軟硬舒適度，
讓不同體型的夫妻共眠，
也可各自享受最服貼自己的
舒適床墊。

看到這一車的枕頭，第一個念頭是「這太誇張了吧？」
不過試躺之後真的能確實感受到曾總說「差一公分就差很
多」的意思。

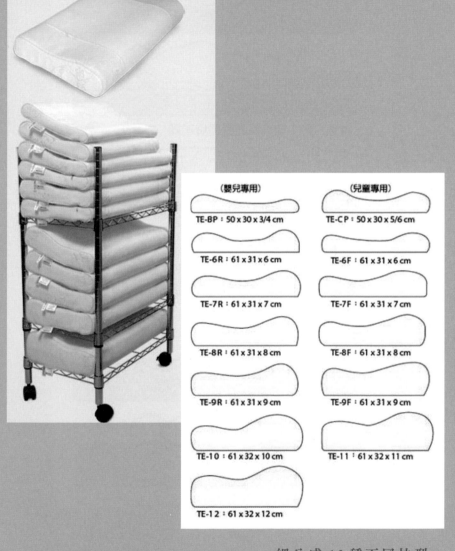

(嬰兒專用)	(兒童專用)
TE-BP：50 x 30 x 3/4 cm	TE-CP：50 x 30 x 5/6 cm
TE-6R：61 x 31 x 6 cm	TE-6F：61 x 31 x 6 cm
TE-7R：61 x 31 x 7 cm	TE-7F：61 x 31 x 7 cm
TE-8R：61 x 31 x 8 cm	TE-8F：61 x 31 x 8 cm
TE-9R：61 x 31 x 9 cm	TE-9F：61 x 31 x 9 cm
TE-10：61 x 32 x 10 cm	TE-11：61 x 32 x 11 cm
TE-12：61 x 32 x 12 cm	

細分成 13 種不同枕型，
為的就是讓每個人都能找到最適合自己的枕頭。

　　除了床墊之外，枕頭也是重要的睡眠工具。戀戀生活名床裡有 13 種不同的枕型可供挑選，在我第一次看到曾總推出一整個架子的枕頭時，心中其實有點不以為然，因為一般的枕頭大多就是分高、中、低去做選擇，或者是買記憶枕，但曾總告訴我，枕頭只要差一公分就會差很多，再者，弧度不對的話也不可能睡得舒服，所以他才會像傻子一樣，直接開模生產 13 款高低、弧度都不相同的枕型，讓客人實際試躺，並使用肌肉神經能量測試法找出枕頭高度，用 O 型環末梢神經測試法找出枕頭弧度，經過一番測試後，每個客人都能將最適合自己的枕頭帶回去。

　　曾總一再強調，枕頭主要功用是拿來支撐七節頸椎的，而非真的只是讓我們枕著頭而已。所以睡覺時可將枕頭頂住床頭櫃，然後躺下時肩膀貼齊枕頭下緣，讓頸椎在你睡覺期間都能平穩地保持在枕頭上，這樣睡起來才會舒服又健康。

　　我聽說有些生活壓力很大的工程師，或是睡眠品質長年都很差的上班族，來買了曾總的床墊及枕頭後，才終於感受到什麼是「睡得好」、什麼是「睡飽了」，足見戀戀生活名床的產品魅力。

　　每天若都能好好地藉著睡眠消除疲勞、恢復體力，自然就會容光煥發、精神奕奕。反之，若是長期睡眠品質不佳，感覺老是越睡越累，那麼別說是保持年輕活力了，說不定身體健康都會出狀況。

> 洪博士獨家研發的能量毯伴隨我多年，是我日常睡眠養生的好夥伴。

邊睡邊養生

　　除了挑選最適合自己體型的床墊跟枕頭來使用之外，想要越睡越健康、邊睡邊養生，其實還有很多方法可以參考。比方説，睡前先用溫熱的水泡腳 10 分鐘左右，可以幫助我們放鬆神經、有效助眠，甚至還有促進氣血循環、增加新陳代謝，以及消水腫的功效。我聽説演藝圈裡頭有不少女星日常就會習慣睡前泡個腳，讓自己能睡個好覺、常保青春活力。

　　另外，就像我前面稍微提到的能量毯，也是睡眠養生非常重要的一項工具。與我熟識多年的洪博士，也是個將畢生所學灌注在睡眠這件事情上的專家，他所研發的能量毯我使用了好多年，真的讓我可以一覺好眠到天亮。

　　每每要是因為工作或出外旅遊，沒辦法睡在洪博士的能量毯
上，睡眠品質就會差很多，有時候還會因此失眠，所以我非常確定
能量毯的效果，這是我的親身體驗。

　　洪博士對於人類的體溫相當重視，他認為透過物理熱能讓體溫
升高的溫熱療法（Hyper-themia），是現代人改善身體運作、調整
體質，提升身體整體功能的一個好方法。

　　地球上的動物可分為兩大類，一是冷血動物，另外就是溫血動
物。冷血動物的特徵是身體裡沒有一個機制可以用來調節自身的體
溫，所以體溫會隨著外界環境的氣溫而改變，這麼一來自身的能量
消耗很低，可以吃一餐維持很久，甚至能在冬天時冬眠達 2、3 個
月之久。

　　而溫血動物，也就是所謂的恆溫動物，包含人類在內，具有自
我調節體溫的機制，比方說會用流汗的方式來降溫等等。以人類來
說，基本上有許多因素會影響體溫的變化，比方說，高興喜悅的時
候體溫會上升，沮喪、感受到壓力或恐懼等等的負面情緒時，體溫
也會下降。

　　另外年齡也會影響體溫，小孩子的體溫會比較高，上了年紀老
化之後，體溫會自然下降。基本上體溫下降免疫力也會受到影響，
所以維持日常體溫是保健的重點之一，洪博士的溫熱療法正是基於
這樣的原理。

　　為了在睡眠中提升自己的體溫，讓身體能夠啟動自我調理、修補的功能，洪博士運用光子波能量的作用原理，推出保健促眠的能量毯，讓多頻譜的生物熱能，幫助身體在睡眠中改善血液循環、強化新陳代謝、活化組織細胞、增強生命力及免疫力等等。

　　無論是曾總或是洪博士，都對睡眠極為注重，他們不約而同認為人類想要長命百歲，就要在睡眠中下功夫，這跟我的想法不謀而合。我認為養成良好的睡眠習慣，再搭配適合自己的寢具，每個人都能成為看不出年紀的凍齡一族。

在植物香氛的氣息中入睡，
讓人更加美麗。

　　根據美國睡眠協會的數據，三分之一的成年人患有慢性失眠症。另外，在美國有超過 4000 萬人失眠，這還不包括偶爾遇到睡眠問題的另外 2000 萬人。

　　不說你或許不知道，其實透過五種植物的幫助，可以讓我們睡得更好！其中一個原因，就是植物在淨化空氣上的效益，因為在我們日常生活中，其實有很多看不見的呼吸危機：

　　三氯乙烯：這是一種工業產品，存在於油漆，清漆，乾洗和粘

合劑中。苯：這是汽油，機油，橡膠和塑料中常見的溶劑。甲醛：這是在雜貨袋，面巾紙，清潔劑和紙巾中發現的水溶性有機化合物。二甲苯：這是一種在煙草煙霧，橡膠，油漆和汽車廢氣中發現的化學物質。氨氣：常見於家用清潔劑，地板蠟和肥料中。

　　這些化學揮發物都會影響我們的睡眠，人一旦睡不好，就會顯得疲勞、肌膚老化，代謝機能也會下降，甚至因此容易變得水腫肥胖。幸好，我有朋友向我介紹了「香音聚落」他們給了我很多優雅的舒眠建議，也讓我認識了五種對睡眠很有幫助的植物：

1：蘆薈（Aloe vera）

　　夏天我們會用蘆薈凝膠以緩解曬傷，但是你或許不知道，蘆薈也可以幫助您睡眠嗎。蘆薈在晚上釋放氧氣，淨化空氣，幫助我們在睡眠時呼吸更輕鬆；特別適合淨化苯和甲醛。

2：薰衣草（Lavender）

　　這種植物可幫助您在白天放鬆身心，並迅速使您在晚上入睡。研究發現，薰衣草的氣味可以減輕嬰兒的壓力和哭鬧，除了植栽，也常見透過精油擴散器和塞在枕頭下的植物香囊，讓室內空氣飄滿輕鬆的香氣。我個人也非常喜歡睡前喝一杯薰衣草茶促進放鬆，偶爾頭痛或睡不好的時候，用薰衣草鹽泡個熱水澡，也會讓我舒服很多，或是在隨身攜帶的手帕中加入幾滴薰衣草精油，也能隨時讓紓壓的香氛隨行。

3：茉莉（Jasmine）

茉莉花以香甜著稱，通常運用在香水和蠟燭中。這種令人愉悦的香氣非常有助於刷新房間氣息並幫助一夜安眠。據報導，茉莉花的氣味可以減輕焦慮，幫助入睡，進而增加白天的心靈狀態表現，讓人更自信有活力。

4：梔子花（Gardenia jasminoides）

梔子是在花園中常見的芬芳花朵。它發出清新的氣味，可減輕壓力並促進睡眠；據説，梔子花是安眠藥（如 Valium）的天然替代品，有助安定與休息，因此，如果失眠發作時，與其服用藥物，倒不如試試看梔子花的香氣，以自然的方法解決解決睡眠問題。

5：和平百合（Spathiphyllum）

又名「白鶴芋」或「白掌」，和平百合是淨化空氣中所有五種揮發性有機化合物的最佳植物之一，他能散發柔和的香氣清潔空氣中毒素。值得一提的是，植物本身含毒性不可食用，因此如果家裡有寵物或兒童，請勿讓他們誤食。

另外，香音聚落的夥伴們也建議我，可以透過紓壓的好音樂來幫助睡眠。在原生植物的香氣，或是精油香氛中搭配幫助腦波放鬆釋放身心壓力的音樂，整個夢境都會更加甜美喔！

（參考資料來源：mindbodygreen.com）

香音聚落＝

天使療癒師 & 香氣藝術　Shante

＋音樂療癒師 & 講師　Lily

更 多 資 訊 暨
免 費 音 樂 聆 聽
請掃描 QR CORD

> 在鏡頭前擺出各式各樣的姿態，
> 是我非常習慣的事情，
> 但我並不會因此就失去了
> 對自己的認識。
>
> 我的美，由我自己定義。

萬中選一的
教主

身為一個公眾人物,一定要有接受人們品頭論足的雅量。從我年輕時出道以來,將近 30 年的歲月裡,娛樂新聞總是圍繞在我身邊,當然網友的評論更是少不了。對於網路上的評語,無論好壞我都心懷感激,尤其是這麼多年來始終喜歡我、支持我的朋友們,我更是無以為報。

人生黃金的 30 年在娛樂圈度過,我很慶幸自己並沒有迷失,也不曾被批評的言論打敗,在鏡頭前我依舊直來直往、有什麼説什麼。認識我的朋友都知道,我的性格台上台下都一樣,因為我很直腸子,沒有太多心機,也不覺得自己有什麼事情是不能攤在陽光下的。

就拿整形來説吧,從第一次高一下學期去找牙醫拔虎牙,讓牙齒變得整齊開始,我就跟整形結下了不解之緣,這些過程我不僅沒有想過要隱藏,甚至還出書分享經驗。

不過,雖然我頂著「整形皇后」的頭銜,但真正能做到凍結年齡、延緩老化,可不只是光靠整形而已。任何事情過與不及都不是好事,我熱衷整形、喜歡研究,也很願意用自己的身體去嘗試最新的技術,但我必須要説,隨著整形的次數越來越多,我反而是學到更多保護自己的方法,藉以降低動刀對身體的種種影響。

整形是為了變美,這樣的初衷可不能忘記。

THE
CHOSEN ONE

What is balance in your life ?

過與不及都不好

先前我曾在網路上看到一則新聞，裡頭提到一位來自內地的小網紅，年僅 15 歲就為了變美而在身上動了 100 次以上的整形手術，她本人高呼「美就夠了」，但網友卻幾乎一面倒予以抨擊，說她整成了塑膠臉，看起來好詭異。

其實看到這則新聞的時候，我內心是相當心疼少女的，因為每一次的整形手術背後，往往都藏有複雜的情緒及沉重的壓力，而且術後的維持與保養，也有不少需要費心的地方。

坦白說為了排解及消化整形所帶來的心理影響，我曾去看 2 年的心理醫生。這個還沒發育完全就急著長大的女孩，恐怕將來得花更多時間重建自己的人生。

15 歲就整形破百次，這樣的例子雖然極端，但我想絕不會只有她這樣。想要讓自己美美的，真的非得把自己逼到這種程度不可嗎？我崇尚整形，也對醫美科技的發展非常有興趣，但人生真的不只有這樣而已，外在與內在是同等重要的，身體與心靈更應該要同時關照，所以經歷過多次的整形，以及演藝人生的風風雨雨之後，我深刻覺得唯有平衡才是最我們最該追求且最該珍惜的美。

I wanna be ME.
率性做自己

　　前不久曾有個朋友跟我說：「10萬個50歲的女生裡面，找不到一個像你這樣的。」他指的不光是我能凍結年齡，讓自己比許多同齡人看來年輕許多，更重要的是他看到我率性直言的那一面，他認為這非常難得。

　　我能夠了解這個朋友的觀點，畢竟出了社會開始工作之後，每個人身上尖銳的部分，多多少少都會被磨掉，再加上我又已經在演藝圈及商業環境打滾了這麼久，會變得世故也是理所當然。然而在我身上卻沒有那種偶像包袱或是刻意保護自己的面具，鏡頭上跟鏡頭下永遠都是最真實的我，因此他才會用萬中選一的評語來形容我。

　　後來我自己想想，的確的個性是挺與眾不同的，說好聽一點是率性吧，但其實我常會說形容自己是傻大姐，在生活中少一條筋，總是想做什麼就去做，想說什麼就直接說。

　　好比說先前我就發生過一件令身旁朋友感到不可思議的事情。當時我搭著高鐵要到外地去洽談合作，但因為高鐵上的冷氣讓空氣變得太乾，導致我感覺自己的臉失去了滋潤，所以一出高鐵站、上了計程車之後，我就馬上拿出包包裡的面膜，開始大剌剌的敷了起來。計程車司機從後照鏡中發現我的舉動，也嚇了一大跳。

　　當司機開到目的地，我付了前準備下車，面膜也還在我臉上敷著，因為我覺得敷面膜的過程還沒結束，既然敷了當然要好好珍惜，我所用的面膜可都是高級品呢。於是我就這樣一路從高鐵站敷著面膜到我洽談工作的地點，沿路上看到的人都露出驚訝的眼光，但這就是我最真實的樣子，我並不會太過在意別人的異樣眼光，也不會擔心因此就失去了粉絲的支持，我甚至覺得我的粉絲及好朋友們之所以會喜歡我，就是因為我不做作、不扭捏，願意將自己原本的模樣大方呈現出來。

How
to be
Healthy.

健 康
小 秘 訣

　　在前面的小節中我提到了自己對於睡眠的重視,同時藉此分享了優質的床墊及能量毯,類似像這種促進健康的工具其實還有很多,但我一定都是自己使用過覺得很有幫助才會介紹給身邊的朋友,更何況是要寫進書裡讓更多人看到,所以當然會精挑細選,並且也一定要是真正讓我有感的好產品。在此我就額外再分享三款我認為追求健康與美麗的人應該要關注的 MIT 好物。

Great soup!

日常養生喝好湯～

對健康養生非常有研究的林心笛博士，是我最為敬重的人之一，她在 2000 年時不幸診斷出罹患腦腫瘤，但卻靠著食療法痊癒了，因而將重獲新生的生命全力投入健康事業，創辦「常景有機生物科技」，並陸續研發出「日本養生蔬菜湯」、「日本發芽玄米湯」等明星商品，帶給人們日常養生的好選擇。

林博士認為植物、陽光、水這三項元素對人類的健康非常重要，因此她以最高端、最嚴格的標準研發養生產品，原料的來源更是講究，不僅精挑細選富含營養價值且安全無虞的農作物，而且任何產品皆追本溯源，堅持只使用天然原料，嚴格篩選無汙染和高營養價值的作物，為消費者做最前線的把關。

就是因為認同林博士的創業理念，所以我也成為了常景旗下產品的愛用者，好喝的蔬菜湯是我生活的良伴，我相信自己現在的氣色能夠如此紅潤，而且還能充滿活力地四處奔波，都是有賴於林博士的優質產品。

從健康谷底浴火重生的林博士，平時就充滿善心，非常樂意將好東西分享給更多人，因此，我的讀者們都有福了，只要掃瞄右邊的 QR CORD，即可在留下資料後獲贈常景的試用包產品。

> 林心笛博士
> 所推出的蔬菜湯及玄米湯，
> 對於日常養生有極大幫助。

Great shampoo!

依莉絲國際生技所推出的
天然漢方草本洗髮露深得我心。

頭髮，
是女人的第二張臉。

　　頭髮對女人來説相當重要，簡直可以稱得上是第二張臉，可能男人很難理解為什麼很多女人一旦去理髮就得要好久才能走出來，基本上為了要擁有一頭「自帶光」的好髮型，專業的設計修剪及日常的基礎保養是非常重要的。

　　我個人是長年都留過肩的長髮，髮量也相當多，所以洗起頭來是挺累人的，吹乾也要花不少時間，不過由依莉絲國際生技所推出的本草養生洗髮品，卻讓我愛上洗髮。

　　現代人的生活環境真的很不好，一出門就得面對惡劣的空氣汙染，空氣中的化學物質、油煙、PM2.5 等等的物質，不僅會影響身體健康，對於頭髮的損害也非常大。一整天遭受空氣中化學物質的迫害，回家如果還用化學調製的洗髮用品來清潔，豈不是讓髮絲得要承受更大的壓力？因此在認識了由漢方草本原料所製成的依莉絲洗髮系列用品後，我就立刻深深愛上，不再用其他品牌的洗髮精。

　　依莉絲的洗髮露具有深層清潔、調理頭皮、鞏固髮根、滋養髮質等等的功效，而且還能讓髮絲有膨鬆感，洗完頭皮也會感到清涼舒適，且髮色能呈現透亮光澤，回復年輕光彩。

　　如果你也羨慕我一頭柔順黑亮的髮質，那麼建議你可以改用依莉絲的洗髮露，一同來感受漢方草本的威力。

A great brush
can do:

Free your body.
Feel relax.

解放身體，瞬間放鬆。

　　承續頭髮的話題，還有一個神奇的寶貝想介紹給大家，那就是由「水妍坊深度撥筋美學館」創辦人胡家綺老師所設計研發的「遠紅外線陶蝶梳」。

　　胡老師專精於經絡撥筋及肌筋膜痠痛病理學研究，承接老祖宗經絡保健的智慧，落實健康管理靠自己的理念，14 年來始終致力於帶給更多人健康美麗的美容產業，而陶蝶梳就是她精心打造的玩美工具，具有遠紅外線的能量，不僅可以按摩頭皮，還能撥全身的經絡，甚至做到臉部「量子寸雕」。

××
××

　　遠紅外線陶蝶梳是多種高能量金屬氧化物,如鈷、鐵、錳、鉻……等,經攝氏 1250 度高溫緞燒後,結合其他高能量礦晶體,如藍晶石、碧璽礦、瑪瑙石及水晶等等,透過繁複的晶化技術過程,再次燒結而成。遠紅外線的能量來自於自然界太陽光線中的遠紅外線,運用創新科技,截取其中的 4 ～ 14 微米遠紅外線光波,這段光波與我們人體的波長相近,易與細胞分子產生共振,從而達到改善微循環的效果,具有溫熱、按摩及促進血液循環等功能。遠紅外線能量足、穩定性高、效果明顯且永久不會消失!

　　遠紅外線陶蝶梳每個角度皆精心設計且符合人體工學,即使是初使用者也能簡單上手不費力,緩解疲勞與痠痛、放鬆肌肉、打通氣血,從頭到腳使身體每吋肌膚都能夠放輕鬆,因為「筋鬆,氣就通」。

66

　　由胡家綺老師所研發的陶蝶梳,符合人體工學的設計,可做到多功能的全身保健。

　　對傳統經絡相當有研究的胡家綺老師也是美麗的代言人。

99

Beautiful Life

美麗人生

　　前面聊了那麼多健康相關的內容，分享了我能夠凍齡的秘訣，不過都是比較偏向外在的保養，事實上，相信大家也都知道「相由心生」的道理，內在心靈的品質，往往也會對我們外在的形象及身體的健康產生莫大的影響。比方說，一個每天憂愁抱怨、總是看不慣身邊人事物的人，與一個樂天知命、讓自己保持愉快心情的人，兩者所呈現出來的五官及氣色一定會有落差。人生觀的些微差異，就會在身體健康方面造成差距了，更別說心存惡意、老想占他人便宜的想法，一定會有更明顯的影響，所以我總認為人生在世最重要的就是要「心存善念」。

1

身心靈兼顧的平衡生活

　　我很重視美麗的外表，因為看起來美美的能讓我充滿自信、保持愉悅，然而在一路成長的過程中，我也發現到心靈方面的問題對我的影響相當大，尤其是在人際關係這一塊。以前我總會想，為什麼每個要好的朋友幾乎都會跟我吵架？為什麼我的友誼總是沒辦法長長久久？為什麼互相傾吐心事的閨密最後都會離我而去？我是個不講八卦的人，但卻老是被八卦所傷，問題出在我身上嗎？

　　為了找尋問題的答案，也為了更了解自己，我花了許多時間與心力投入心靈層面的研究，包含心理輔導、前世今生、潛意識導引，甚至是通靈等等，我都接觸過，在這個過程中，我慢慢建立起自己的人生觀，同時也找出問題所在。

　　其實，在我成長的過程中，發生了許多難以抹滅的傷痕，以至於我變得難以相信人，尤其是男人。我總認為「近朱者赤、近墨者黑」，交朋友一定要有所選擇，否則很容易會因為誤判而導致自己受傷。就是因為這樣的信念，讓我在人際往來上相當保守，寧願當個獨行俠也不願意打開心防去與人互動，所以難怪我的友情紀錄老是斑斑駁駁。

　　在我 36 歲之前，我心中奉為圭臬的是「人不為己，天誅地滅」、「寬以待己、嚴以律人」、「求人不如求己」等等較為偏激的格言，然而過了 40 歲之後，我就只奉行一句話，那就是「吾日三省吾身」。

　　現在的我，每天都會在睡前檢討自己一天的言行，如果發現自己做錯了什麼事，就立刻想辦法補救或修正，有說錯什麼話，也會用傳訊息的方式向對方說聲抱歉。這是我對自己的行為負責的態度，同時也是希望由我自己發散出去的都是善意、善心，而不要造成更多的負面能量，因為我非常相信輪迴、非常相信因果，而身體的健康狀況，乃至於一些難纏的疾病，往往都是生命給我們的提醒，要我們多關注自己是否走在正軌上。比方說一個成功的男人如果外遇，家裡的元配通常就會有乳癌、卵巢癌、子宮頸癌之類的疾病產生，這是性壓抑所導致的。所以心靈的品質真的會對健康帶來影響，千萬不可小看。

Open your heart.
Change your life.

用 心 打 造 璀 璨 人 生

前面提到成長過程中所受的傷,其中之一就是遭受冷落。從小我就是個被冷落無視的孩子,所以長大後我便非常渴望被注目、被追求,會進入演藝圈成為明星,有部分也是為了想要成為鎂光燈的焦點。

不過,歷經了一連串的大風大浪之後,我了解到以前走錯的路、吃過的苦,真的都是自己找來的,因此我也學會時時修正自己,尤其是在人際關係方面。「想要別人怎麼對待你,你就要先怎麼對待人家。」這句話我一直放在心中提醒自己,讓自己從「被注目」的需求走出來,真正用心去與人交流。

當我開始轉變之後,「運」也就變得不一樣了,我深深體會到,運勢真的是自己準備好就會有的,如果沒準備好,沒有成功的條件,當然就不會有「運」。我清楚感受到自己已經是準備好的狀態,當然這都有賴於我過往的所有經歷,以及每一個來到我身邊幫助我成長的人,對我好的,我一輩子感念在心,傷害我的,也同樣給了我前進的動力,讓我能一再突破自我。我想成為一個女強人,而這樣的夢想,正一步一步確實地實現著。

想凍齡
要先做足功課

有句話是這麼說的：「沒有醜女人，只有懶女人。」的確，生於現代的女人有非常多工具可以讓自己變美，從化妝、保養、整形等等，只要願意多付出一點時間研究、多付出一點心力去維持，每個女人真的都可以是女神。不過當然，內在的自信也很重要，相信自己「很漂亮」、相信自己可以「凍齡」，才會由內而外都呈現均衡的美。

我們人一出生就是朝著衰老的方向在前進，每個人的一天都是24小時，每個人都是一分鐘一分鐘地老去，但為什麼有些人就是看起來比同齡人年輕？為什麼有些人則衰老得好明顯，才隔幾年沒見就變得老態龍鍾？其實關鍵還是在於自己的重視程度。你越是願意為保持健康努力、越是願意為維持年輕加油，身體自然就會給予正面的回饋。

接下來，我就分享幾個我自己也在施行的凍齡秘訣。

1：多喝水素水

　　人體有 70% 以上是水組成的，所以每天喝足夠的水是非常重要的一件事。根據衛服部的建議，每人每天的飲水量是身體體重乘以 40c.c.，也就說一個 60 公斤的成年人，一天最少要喝 2400c.c. 的水，補充足夠的水分，能讓身體機能維持在良好的狀態。台灣人很喜歡喝手搖飲或便利商店的罐裝飲料，但這些飲料都不能算入每日該喝的水量裡，這一點一定要留意。

　　喝水是每天必備的工作，而且挑選優質的好水也很重要，安全無虞的水質是最基本的要求，對健康有高度期待的人也可以選擇補充電解水、鹼性水等具有機能性的水，或者像我一樣多喝日本非常流行的水素水。

　　水素水是日文的說法，正確的中文名稱是含氫水，也就是在飲水之中打入氫氣，利用喝水的方式攝取氫氣來幫助身體達到抗氧化的效果，這在日本已經風行多年，市場上除了能買到特殊鋁箔包裝的含氫水之外，現在也有家庭用的含氫水製造機可供選擇，有興趣的朋友可以自行多比較。

2：教主的纖體秘密武器「黃金速纖凍」

因為常常出席品酒會與餐敘的關係，常常吃好料。美食美酒的誘惑，對於常要上鏡頭的我來說，實在是艱難的考驗。還好，我有神秘的小幫手「黃金速纖凍」可以提升我的機能代謝、讓我維持順暢，當身體不囤積垃圾，自然不容易發胖，而且其中有助於美肌保養的成分，更讓我整體氣色跟肌膚、體態狀況，都得到正面提升！

「黃金速纖凍」的成分包含：專利代謝菌、多種蔬果發酵物、天然B群、美國專利胺基酸鉻、啤酒酵母萃取物、小麥胚乳萃取物、余竿子萃取物、玻尿酸（透明質酸鈉）、素食燕窩酸、大豆低聚肽、摩洛血橙、栗子皮萃取、乳酸菌肽、紅薑黃等等，都是天然且令人安心的成分，可以改變菌叢生態，打造健康的腸道！

別小看這小小一包「黃金速纖凍」，除了隨身攜帶很方便，口感也十分美味。除了順暢代謝的機能性，本身也像小點心一樣好入口！偶爾工作空檔或是嘴饞的時候來一小包，也能滿足想吃甜食的口腹之慾！有了「黃金速纖凍」，我就能更安心、自信的出席各類佳餚美宴！

美顏、順暢、窈窕　三效合一

「黃金速纖凍」機能小檔案

美顏大開

· 余甘子萃取物：豐富維生素 C
· 玻尿酸（透明質酸鈉）：保濕
  因子最高濃度 95%
· 牛乳清蛋白萃取物（含燕窩
  酸）：養顏美容的珍品，讓妳
  保持青春美麗
· 大豆低聚肽：肌膚營養素

窈窕滿分

· 美國專利胺基酸鉻：調整體質
· 小麥胚芽乳萃取物：糖分剋星
· 栗子皮萃取物：閃澱代謝，與
  白腎豆相比，效果更上一層樓

順暢輕盈

· 專利代謝菌：好的體質從健康腸道
  開始，改變菌叢生態，提升代謝
· 啤酒酵母萃取物（天然來源 B 群）：
  促進代謝
· 乳酸菌素：打造消化道好菌生長
· 紅薑黃萃取物：代謝加倍，紅薑黃
  薑黃素含量是黃薑黃的 9 ～ 50 倍
· 摩洛哥血橙：花青素含量高，打造
  so 菌良好的生長環境，調節身體
  機能

黃金速纖凍
洽購資訊

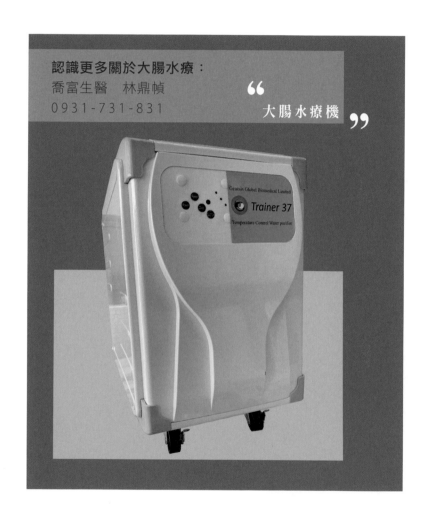

認識更多關於大腸水療：
喬富生醫　林鼎幀
0931-731-831

" 大腸水療機 "

3：大 腸 水 療

　　前面也有提到我施行大腸水療已經有
至少 8 年的時間，會如此持之以恆，就是
因為大腸水療已經有非常多實際的案例
證實可以預防疾病、排除身體毒素。根據
行政院衛生署的統計顯示，近年來台灣大
腸直腸癌發生率已高居癌症第 3 位。男性
每 10 萬人口發生率為 20 人，僅次於肝
癌及肺癌，女性每 10 萬人口發生率為 16
人，僅次於子宮頸癌及乳癌。面對如此強
大的健康威脅，施行大腸水療就是一個非
常好的預防方式，而且適時地排除身體所
累積的老舊廢物與毒素，可以讓氣色看起
來更好。

××××××××××××××××××××
××××××××××××××××××××

4：極微雕

　　每個人都想要將皮膚定格在年輕的狀態，各種「凍齡」保養美容法於焉誕生。基礎的「清潔、保濕、防曬」我們每個人平時在家都可以進行，是愛護皮膚最基本的功課。但為了預防老化，或是期望擁有更美麗、更輕彈的肌膚，有人願意不惜血本砸下重金購買昂貴保養品；也有人三不五時勤奔美容院做臉。這樣的努力的確可以讓表皮層獲得一定程度的養護，但就沒辦法深入真皮層了。因此，為了讓皮膚能夠達到自我修護的目標，肌膚專家林立荃醫師特別獨創了「極微雕」的微整方式，透過「層次編織性皮膚補充法」給予肌膚真正需要的保養。

　　每個人的肌膚狀況都不同，所需的保養方式及保養力度也一定會有差異，如果全部都用同一種方式一昧注射填充，效果可能不會太好，假使有效果也可能會很短暫。

　　唯有根據不同皮膚的特性，有層次地像編織布料一般層層構築，以注射的方式將各種良好的媒材深入各個不同皮層，同時輔以支撐及固定媒材，才能有效且長久地做好皮膚的水土保持，而這就是極微雕最令人讚嘆的特殊之處。

66
林立荃醫師幫我
定格年輕。
99

林立荃　醫師
Dr. Jackson Lin

臺灣大學醫學院醫學士
亞太美容外科專科醫師
臺灣醫學美容專科醫師
臺灣婦女醫學專科醫師
美國抗老化醫學學會醫師
世界抗老化醫學協會醫師
廣州安美國際醫療美容集團董事長
廣州安美醫療美容診所首席醫師
中清科華首席整形美容醫師
雙美膠原蛋白原廠特聘首席注射醫師
JM 極光美學連鎖診所醫療總顧問
中華美容科技研究協會理事長
臺灣亞太美容外科醫學會理事
中國安徽醫大皮膚醫學碩士及博士候選人
晨軒醫美股份有限公司醫療技術總監
K2 亞太區榮譽顧問及首席講師
Bellavita 亞太區榮譽顧問及首席講師
亞太線型醫學美容教育交流協會榮譽講師
亞太線型醫學美容教育交流協會首席顧問

　　極微雕，是林立荃醫師獨創的微整手法。林醫師的觀點是皮膚是有層次的。「凹哪裡補哪裡，除皺紋猛拉提」其實都只有在皮膚上做表面功夫。林立荃醫師認為：「做你的皮膚需要的，而不是你的腦袋想要的。」而且，塗抹的表養品成分往往無法大量突破精密的皮膚屏障，成功深入真皮層修護。

　　林立荃醫師根據多年的經驗，擬定出新式「定格美顏」療程，是以延緩老化為目標的安全配套療程，最終目的為啟動皮膚自我修護，還原健康膚質。

「定格美顏」分作三個層次，
給予皮膚適當的刺激，以達到全面修護：
Step1：真皮再生。
Step2：皮膚提升。
Step3：對症下藥的補充。

　　皮膚本身的結構富含層次，而老化的程序也依層次行進；看進底子裡，遵循層次的概念，讓醫師診斷你的皮膚目前處於什麼狀態，再給予「層次編織性皮層補充法」的「極微雕」分析。

　　日前，我開始注意到自己的臉皮會下垂，而提眉、埋線都做了，蘋果肌也打了，卻還是無法達到想要的效果，剛好遇到久違的林醫師，他立馬做了「極微雕」將我的筋膜層往上啦，很明顯感到皮膚緊實了，可是還不夠澎潤，在林醫師的建議下，我又做了「PRP 自體幹細胞水光槍療法」，在內地又稱為「吸血鬼療法」。

　　林醫師的巧手帶給我長生不老的回春魔法，因此也把這位專業的好朋友介紹給大家，如果你也希望內外保持自然的青春樣貌，選擇對的「回春神手」絕對是非常有必要的！

5：KKT 聲波脊椎動力平衡療法

脊椎是身體相當重要的一個部位，如果日常沒有養成運動習慣，且又有姿勢不良的問題，那麼就很容易釀成脊椎的相關疾病。以我來說，原本我是因為有失眠及四肢冰冷的問題而去就醫探究病因，結果照過 X 光後才發現是因為我的第五節頸椎半脫位了，導致交感及副交感神經的不平衡，甚至還影響到五臟六腑的運作，失眠問題只是最外顯的一個表徵。

至於為什麼會有第五節頸椎半脫位的問題呢？這得要追溯到我小學六年級的時候，有次我騎腳踏車不小心跌進蓮花田，當時就傷到了頸椎導致半脫位，但我渾然不知，多年來都不曉得原來自己身體的種種問題，都是來自於頸椎。

為了解決半脫位的頸椎，我四處探訪名醫、詢問有效的方法，最後在朋友的介紹下接觸到來自加拿大最先進的 KKT 療程。

KKT 是 Khan Kinetic Treatment 的縮寫，意為「聲波脊推動力平衡療法」，其實這是類似於傳統整脊的一種療法，但進行的方式卻更為科學、更為精準。

根據我多年來的整脊經驗，我認為最古老的第一代是傳統中醫、國術師的整脊，比較用力也比較危險，曾經新聞報導有民眾在中醫診所整脊導致下半身癱瘓的例子，令人心存疑慮。

亞仕登康健科技股份有限公司
Asiatec Health Technology Co.

KKT 執行長

蘇 志 昌 0918 030 713

: KKT TAIWAN
Line / 微信：ccfranksu
E-mail：ccfranksu@gmail.com
http://www.kkt-taiwan.com.tw
115台北市南港區南港路二段99-17號

> **在蘇執行長指導之下，親身體驗了脊椎保健的重要性。**

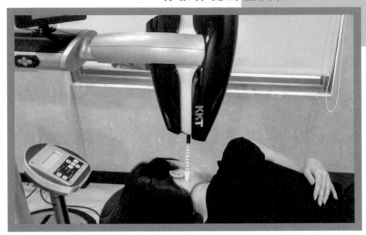

第二代則是執照在美國發放但台灣並不承認的整脊，被歸類在民俗療法理。這種整脊方式很溫和，可是隔天因乳酸釋放而會腰酸背痛，必須去泡熱水澡，但真的很有效。

第三代則是俗稱的「電槍」的療法，但業界的評價不一。有的醫生寧願花一個鐘頭慢慢幫客人調理頸椎和脊椎，有的醫生則偏好「電槍」整脊，因為根據美國發明電槍廠商研究報告，ICAT 電槍因為有 IC 板的控制可準確透過聲納系統，取得數據來矯正人體結構，比第三代整脊進步的地方是如果醫師對頸椎脊椎結構不是非常了解，萬一施力不當會對頸椎脊椎造成傷害，但是使用 ICAT 電槍也是要小心，同樣須取得美國執照方能執業。

而我所推薦的第四代 KKT，原理和 ICAT 差不多，但它結合 3DX 光影像及分析軟體更進步，一樣是利用聲波頻率來矯正脊椎，矯正後立即使用水平儀認證，整體流程更符合科學，效果當然也更為顯著。做完 KKT 的療程後，困擾我長達 30 年以上的失眠問題竟大大改善了 8 成，真的非常不可思議。

6：教主的神隊友「蘋果樹醫療體系」

隨著年紀與智慧的增長，我發現人的生理機能與容貌，真的與「健康」脫離不了關係。在我的上一本書中，也提到很多關於不同層次「美與健康」的學習；這些年加上品酒與藝術的薰陶，我更加體會到，一個人的美與品味是來自生命經驗的豐厚；而擁有健康的身體、良好的情緒與心理狀態，也是維持青春外貌缺一不可的條件。

但是，我們要怎麼樣找到能全面幫助我們由內而外、涵蓋身心靈健康的幫手呢？在這邊向大家推薦我的神隊友——「蘋果樹醫療體系」！創立於 2012 年的蘋果樹這近十年來一直不斷在精進提升，雖然「醫學美容」是他們最廣為人知的卓越佳績，但是，蘋果樹更相信「醫美從健康做起」，美是內在健康的外在表達，要擁有健康的生活，不單只是「生」與「活」，過程是一連串的保養與保護！

因此，現在的蘋果樹是非常厲害的一站式整合醫學診所；包含著基因醫學、情緒醫學、再生醫學、醫學美容、整形外科一直到生活醫學、科技 SPA……甚至在空間上都追求美和療癒，加入藝術的元素，希望讓所有的病患，都能得到全方位五星級完整的客製化治療！

而且 2021 年蘋果樹不僅拓點至三峽北大特區，也進階到健保門診；網羅明星小兒科、家醫科、皮膚科等名醫師，共同打造「蘋果樹 2.0」的新時代，讓這個台灣醫美老字號的先驅品牌，不僅僅在美學專業上日新又新、提升全人醫療的情緒與複合機能門診，也更深入我們的生活，真正成為我們「身、心、靈」全方位健康美麗、幸福快樂的好夥伴！

教主特推 ▶ 蘋果樹明星療程

水煮肌的科技魔法 · 水感微針

　　顛覆我們對「清粉刺」的刻板印象，以改良後更貼合亞洲輪廓的「二代回流式真空探頭」，以超微小氣泡結合水渦流技術，徹底清除毛孔內的雜質、化妝品殘留物、油脂，同時注入更多營養素與精華保養成分，讓肌膚更輕透健康；尤其適合毛孔粗大、堵塞、角質層厚的人，能有效避免因為清潔不當造成毛孔堵塞，發展成粉刺痘痘肌。

水感微針

代謝症候群、尿毒症　　　抗老回春、增生毛髮、　　　急慢性肝炎、慢性疲勞
頭痛、貧血、耳鳴、　　　加快產後復原、細緻皮膚　　氣喘、鼻炎、異味性皮
暈眩、中風、失眠　　　　苗條體態、癒合傷口　　　　膚炎、關節炎

促進代謝排毒　　　　　　活化細胞機能　　　　　增強免疫力抗發炎

① ② ③ ④ ⑤

減少慢性病用藥　　　　　修復神經病變

高血壓、高血脂、糖尿病　神經衰弱、失眠、心臟病
高膽固醇、痛風　　　　　手腳麻痺、腦血管病變

——— 氦氖雷射的應用效益 ———

從血液開始回春 · 氦氖雷射

　　血管的老化就是身體的老化，因此，想要「回春」，沒有淨化
的血液與活化的細胞，是不夠到位的。氦氖雷射又稱淨血雷射 ILIB
（Intravenous Laser Irradiation of Blood），是利用光波波長 600 ～
950nm 的生化雷射光照射療法，強化紅血球的攜氧能力、增強紅
血球的彈性變形活力及改善循環和微循環，排除身體毒素、激活多
種腜、刺激人體免疫力。進而達到抗老化、恢復年輕、增生毛髮、
毛髮變黑、細緻皮膚、苗條身材體態、促進傷口癒合，甚至加速產
後復原都不是問題！

抹去歲月的痕跡 · Pucosure755 皮秒雷射

　　「皮秒」（picosecond）是一種時間單位；Pucosure755 皮秒雷射是目前唯一通過美國 FDA、歐盟 CE 以及台灣 TFDA 四大項認證的皮秒雷射儀器。治療速度比傳統雷射快速 7 倍以上！瞬間疾速震波粉碎色素顆粒變成粉塵狀態，可加速色代謝，減少熱傷害與殘留，降低反黑、快速復原肌膚，大約 24 小時就可正常上妝保養。

　　Pucosure755 皮秒雷射非常適合需要「擦擦臉」的人，像是想抹去雀斑、曬斑、老人斑、荷爾蒙斑、黃褐斑、肝斑、胎記等各種頑固色素斑點者；或是膚色不均，有凹疤、痘疤、色素疤痕等困擾的人，也非常適合用來去除刺青。

—— 皮秒雷射示意圖 ——

1

整合醫學
Holistic Medicine

致力於內外兼顧、身心平衡的整體醫學，期許能為每個獨一無二的生命體，打造量身訂製的個人化醫療。讓每一位患者能夠同時得到身、心、美的精準專業一站式治療！

空間療癒
Space Healing

從陽光(色溫及燈光)、空氣(頂級天然香氛)、水(氫水)、音樂(德國音療)等，運用空間直接療癒的功能，使每位患者達到全然五感體驗，進而得到情緒與壓力的緩解，最後達到身心的療癒與淨化。

蘋果樹
不一樣的醫美

生活醫學
Living Medicine

生活的方式與態度的改變影響著身心的健康、造就著病痛的來源。我們協助患者改變自己的生活方式與態度。治癒，必須從生活做起！

五心服務醫療
Service Medicine

五心:歡心、安心、放心、信心、熱心服務團隊由30年五星級飯店經驗的總經理帶領。落實最高醫療品質服務，讓病人得到專業感動的照護。

科技創新
Technology Innovation

我們擁有世界頂級醫療設備及尖端的檢測儀器，精準數據使每位病人獲得更快速、安全、有效、輕負擔的治療。

關於蘋果樹 www.drappletree.com.tw

蘋果樹於 2012 年起，至今持續不斷致力於落實由內至外、身心平衡整體醫學（Holistic Medicine），為每個獨一無二的生命，創造量身訂製的醫療，一切只為協助全人類都能擁有健康與美麗共存的幸福完美生活；「心」美。人更美！

南 京 旗 艦 院 所	北 大 聯 合 診 所
02-2716-3535	02-8672-0222
台北市松山區	新北市三峽區
南京東路三段	大德路
309 號 3 樓	127 號

瑞伯斯
Rebirths

7：瑞伯斯的青春天然配方
讓我成為自然的美人

　　在還沒有使用瑞伯斯的保養產品之前，我其實是不相信保養品的，眾所皆知的我是台灣最不怕痛最愛做整形跟微整形的藝人，也是開啟兩岸整形風潮的第一人，由此可知，保養品對我來說是不具備可信度的。

　　在我的認知裡，保養品的功能就是讓我的皮膚產生不緊繃不乾癢的保護膜，缺水或是細紋的改善，但最終我還是尋求醫美專科醫生處理。

　　在偶然的聚會中，因為朋友的分享推薦，自己依然是抱持著不相信保養品的看法，心想應該也是沒什麼效果，就體驗了瑞伯斯的保養產品，沒想到，第一次體驗產品之後，令我看法整個改觀三成，首先是我的臉部細紋幾乎消失不見，蘋果肌也膨潤了，而且整個臉色白裡透紅；使用產品兩天之後真是令我感到驚訝，原來我的臉部還可以改善這麼多！

　　我的右眼一直比左眼下垂約 0.2 公分這個問題困擾我至少四、五年了！

A NATURAL FORMULA FOR EVERLASTING YOUTH AND BEAUTY

永恆青春美麗天然秘方系列品

The ingredients are unique and mild.
They will effectively and dramatically imp___
your conditions.

專業研究　安心原料　品質生產

瑞伯斯
Rebirths

「黃金胜肽精華露」、「水肌光」是我常態保養的愛用品，能保持肌膚緊實與彈性。而「全效緊實眼霜」能讓我的眼周肌膚更活化、減少細紋，保持明亮的眼神。尤其，現在大家都是放不下手機的「低頭族」，比以往更容易產生用眼過度、臉部跟頸部肌膚鬆弛的問題，適當的休息與正確的保養品，都能讓我們在日常生活中更避免這些因為「數位時代」而帶來的肌膚影響與傷害。

97

每次都需要到醫美診所去調整，右眼旁邊就得多打一點肉毒桿菌素，上通告的時候化妝師也得要貼雙眼皮調整我的右眼，雖然不是什麼大問題但就是覺得很麻煩。

　　現在我只要在右邊多上一些瑞伯斯產品「黃金胜肽精華露」、「水肌光」，兩眼看起來就非常的平均，而且這陣子我跟朋友出去吃飯也開始嘗試素顏只上一點點口紅，我的朋友也察覺到我居然敢素顏出門吃飯，而且臉色居然不會黯淡無光，真是令人嘖嘖稱奇。

　　直到最近我才深刻的體會，原來生技日新月異已經深化到了保養產品。現在除非是重要場合我才會上一點點粉底膏再加口紅，其它時間都盡量讓我的皮膚自然的呼吸！

　　瑞伯斯的保養產品是幾近微整形的高水準！

　　所以我不能再當火星人了，除了微整形，使用保養品產生的優化效果也是必須要有的！

　　選擇一套優質的日常保養品，並且適合自己使用的很重要，就跟減肥一樣，是女人一生中最重要的志業！

www.rebirth4u.com

瑞伯斯系列產品，詳情請洽官網資訊。

　　重生生化科技創辦人周董事長，早年從營造業白手起家，後來因兩岸觀光市場蓬勃發展，也經營了數家大型藝品店，因生意忙碌應酬多，導致身體健康亮起了紅燈，因緣際會下得知道牛樟芝能改善身體健康，因此又以門外漢之姿投入生技產業鑽研牛樟芝近 20 年，其中有多年時間不分晝夜進行研究，為此尋遍各個尖端的實驗室，只為了萃取出最有效的成分，終於成為牛樟滴丸達人。身體健康也改善了，與周董事長相處過的人，都會被那份執著與純樸的信念打動。

　　因為投入生技產業的關係，也做起了原料的生意，進一步與美容的產業接觸，保持著專注品質的思維，透過專業實驗室及眾多博士級研究團隊做研發，為了能創造最好的品質，原本專做研發原物料及保養品原料出口外銷已經有十幾年的時間，在客戶的要求之下，研發一套高品質、高單價保養品銷往日本，同時也希望讓國內的消費者能真實的使用天然、溫和及高科技的產品，因此創立瑞伯斯 Rebirths 這個品牌。

　　本著為群眾服務，以提供大眾健康及美麗為志業，並以安全科學的調理給予肌膚適當且優質的呵護，由內而外喚醒肌膚自身光采。

　　未來將以台灣為亞太營運中心，除了持續穩固及成長國內現有通路，更將積極拓展國外市場與世界接軌，以亞太地區為出發點，擴展至全世界，打開產品國際化之路，發揮產品優勢，提升競爭實力，為消費群創造最大價值。

傾聽身體的真實需求

　　追求美麗是一條無止盡的修行之路，在我的凍齡秘訣之中，無論是蘋果樹帶給我的全人內外保養、保健，或是水素水、KKT、大腸水療、極微雕等等，都是我親身體驗過，並且感受到實質效果，才敢在書中分享給大家。不過，基於每個人的身體機能與生活習慣、健康狀況有所不同，還是建議大家要多傾聽自己身體的聲音，找到最適合自己的方法。科技發展日新月異，我相信「長生不老、青春永駐」絕對不是神話，但是，人活得久更要活得好，所以，除了外表之外，也別忘了時時豐富滋養內心，像我開始接觸品酒文化，也讓我的靈魂更加活化，這些都跟外表的凍齡輔助帶來了相輔相成的效果。

2

凍齡教主
教你
品紅酒

好的酒
值得細細品味

XXXXXXXXXXXXXXXXXXXXXXX
XXXXXXXXXXXXXXXXXXXXXX

A Guide
to
Red Wine.

　　我在 2017 年 8 月 23 日拿到了 WSET AWARDS 葡萄酒第一級 L1 認證證書，當時為了要學習品酒以及考上證照，我花了不少時間學習，最高還曾連續 8 小時不斷在品酒，雖然過程中都只是小口小口抿個味道，以及學著透過嗅聞分辨葡萄酒的氣味，但還是喝到微醺的程度。

　　我是個喜歡享受美食及美酒的人，在人際往來的生活日常中也不乏被招待請客的機會。不過在真正上課學習品酒之前，我喝酒的習慣算是比較隨興，有人找我乾杯敬酒，我常常是來者不拒，再加上台灣人在酒席間總是相當豪邁，不論男女都喜歡「拚酒」，因此我總是喝得快又急，一口一口猛灌，不僅難以分辨酒的好壞，更無法理解慢條斯理地品酒有什麼樂趣可言。

　　後來上了專業的品酒課程，徹底了解盛行歐美的紅酒文化之後，才深刻地體會到以前拚酒灌酒的日子真是白活了。

WSET
AWARDS

A DIVISION OF THE WINE & SPIRIT EDUCATION TRUST

Mo-Fan Wu

HAVING SATISFIED THE EXAMINERS

IS HEREBY AWARDED THE

WSET LEVEL 1 AWARD IN WINES

PRESENTED FOR EXAMINATION

IN THE CHINESE TRADITIONAL LANGUAGE BY

Taiwan Wine Academy Ltd.

Pass

SEALED UNDER THE AUTHORITY OF THE TRUSTEES

23 August 2017

Matthew Forster MW
Director of WSET Awards
INTERNATIONAL WINE & SPIRIT CENTRE
39-45 BERMONDSEY STREET LONDON SE1 3XF

Registered Charity No. 313766

Ofqual

> WSET 英國葡萄酒與烈酒教育基
> 金會,是國際上首屈一指的酒類
> 教育國際組織,通過 WSET 系統
> 的品評訓練並拿到專業認證後,
> 證書是全球皆認可的。

5 main categories
of WINE

葡萄酒的分類

　　人類喝葡萄酒的歷史可以追溯到非常久遠之前，早在 6 千年前住在地中海區域的古埃及人，就因為當地盛產葡萄而衍生出釀造葡萄酒的技術，也就是說，現代人所謂的品酒，是由幾千年的智慧與文化累積而來，這是個博大精深的專業領域，絕非表面上看起來的那麼簡單。

　　在談到如何判斷葡萄酒的好壞之前，我先簡單介紹一下葡萄酒的分類。

　　基本上一般人較為熟知的葡萄酒就是紅酒跟白酒，另外還有甜酒、氣泡酒等等，其實也都是屬於氣泡酒的範疇。

5 大類 . 葡 萄 酒 .

1 **白葡萄酒（Bianco）**
紅葡萄去皮或白葡萄酒發酵製成

2 **紅葡萄酒（Rosso）**
紅葡萄發酵製成

3 **粉紅酒（Rosé）**
紅葡萄發酵製成

4 **甜酒（Dolce）**
貴腐、曬乾或風乾釀成的甜酒

5 **氣泡酒（Spumante）**
紅葡萄去皮或白葡萄酒二次發酵製成

葡萄酒的新舊世界

舊世界

特色 釀造技術已流傳數百年之久,風格相當傳統,甚
　　　 至有相關法律在規範葡萄酒的釀造過程。

產區 傳統的舊世界葡萄酒產區有義大利(產量居冠)、
　　　 法國、西班牙、德國等。

新世界

特色 近一百年才開始釀造葡萄酒的國家,基本上都屬
　　　 於新世界,在種植及釀造的過程中,加入較多的
　　　 工業元素。

產區 泛指歐洲以外的葡萄酒產區所生產的葡萄酒,像
　　　 是美國、澳洲、紐西蘭、智利、阿根廷、南非等。

　　除了以採用的葡萄來分類的方法之外，另外還有人會以不同的糖度或釀造方式來進行分類。依糖度來分的話可分成干型葡萄酒、半干葡萄酒、半甜葡萄酒及甜型葡萄酒；依釀造方式來分的話則可分成平靜葡萄酒、氣泡葡萄酒、加烈葡萄酒、加味葡萄酒。

　　現在市售的葡萄酒一般酒精含量大多落在 8% ～ 15% 之間，只有加烈葡萄酒才有機會超過 15%。不過，比起酒精濃度來說，喝葡萄酒最重要的一環莫過於「品風味」。

　　日常有喝紅酒習慣的朋友，應該都知道世界上有幾個專門種植釀酒葡萄的知名產地，像是法國、義大利、西班牙等國，都是種植及釀造都歷史悠久的葡萄酒輸出大國；而卡本內蘇維翁、梅洛、西拉、黑皮諾、白蘇維濃等知名的葡萄品種，相信大家更是耳熟能詳。

　　之所以要談到種植葡萄的國家和不同品種，主要就是因為決定葡萄酒的風味最大的關鍵就在於葡萄的品種。另外，即使是在同一片土地上種植，每一年所產的葡萄還是會因為氣候、土壤等環境因素而有不同的品質，因此葡萄酒市場上才會出現某些年份的葡萄酒價格特別貴，核心價值就是來自於變幻莫測的風味。

葡萄酒的釀造過程

在 WSET 葡萄酒第一級認證的課程上，我學到了許多葡萄酒相關的知識，包含：

項目	主要內容
葡萄的構造	果皮：顏色、單寧 果肉：水分、糖分、酸性物質
葡萄的種植	生長週期主要階段：開花期、成熟期
氣候	涼爽氣候對葡萄的影響 溫暖氣候對葡萄的影響
酒精發酵	酒精發酵所需條件：糖分、酵母 酒精發酵的產物：酒精、二氧化碳
釀造過程	白酒：破皮→榨汁→發酵→陳年→裝瓶 紅酒：破皮→發酵→排汁→榨汁→陳年→裝瓶 粉紅酒：破皮→發酵→排汁→陳年→裝瓶

其中，釀造過程具有相當高的專業度，絕不可能光是知道步驟就可以自己釀出酒來，不過了解過程的繁複與辛苦，可以更知道每一滴酒都是得來不易的，一定要好好珍惜、細細品味。

釀造過程重點

1 **榨汁**：自葡萄園採收下來成串的葡萄倒入有滾輪攪碎的機槽，去梗留下葡萄汁與葡萄皮進入發酵槽。

2 **發酵**：分兩階段 1.酒精發酵：利用葡萄本身的糖分形成酵母，開始發酵產生酒精。酵母＋糖→排氣（CO_2）＋酒精，果酸發酵：將水果中的蘋果酸轉成柔和的乳酸，所有的紅酒都必須比白酒多了這個過程，以創造更圓潤的口感。

3 **混合**：將已完成發酵的不同種類的酒混合，產生各家酒莊與眾不同的獨自風味酒。

4 **熟成**：將混合好的配方酒或單方酒放入不鏽鋼桶，水泥桶或橡木桶熟成，時間從 4 個月到 4 年不等。

5 **裝瓶**：將熟成的葡萄酒過濾殘渣後進行裝瓶，也可以不過濾就裝瓶，藉以使酒體風味更豐富，但未過濾的葡萄酒在飲用前應先醒酒。

有層次變化的才是好酒

　　每當有人問我喜歡什麼樣的酒，我都會回答「好入喉的」，或者是「順口的」。我相信大部分的人都跟我一樣，會以順不順來當作評判酒好不好的依據，不過，在學習了專業的品酒課程之後，我才了解到原來真正的好酒不是光順就好了，還得要有層次的變化，而學習品酒，就是為了能夠清楚分辨酒的層次。

　　一般我們在喝紅酒的時候，通常都會覺得有點澀澀的，那種感覺其實會影響到對紅酒的喜好程度，不過大部分的人都不明白那種澀澀的口感從何而來，想要知道答案，就要先學會一個名詞——單寧。

　　紅酒的澀味，其實就來自於單寧，它在和口水裡的蛋白質融合在一起之後，就會產生一種澀澀的口感。

　　單寧會讓紅酒喝起來澀澀的，這樣的口感可能有人喜歡有人不喜歡，但不管怎麼說單寧都是紅酒風味的來源，尤其是單寧與空氣接觸之後會逐漸軟化，風味也會產生變化，所以專家會說好的紅酒要能喝出層次，道理就在這裡。

建議酒單

高單寧紅酒
內比歐羅
卡本內蘇維翁
田帕尼歐
小維多

中低單寧紅酒
梅洛
加美
黑皮諾
巴貝拉

單寧知識 Q & A

Q：單寧（Tannin）是什麼？
A：一種天然的多酚類化合物，廣泛存在於植物的種子、樹皮或果皮之間，像是堅果、茶葉、肉桂等等都有，以葡萄而言，葡萄梗、葡萄籽和葡萄皮，都有豐富的單寧。就功效來說，單寧具有抗氧化的作用，可以當天然的防腐劑，在紅酒釀造的過程中可避免酒質因為氧化而變酸，讓紅酒能長期保存並維持在最佳狀態。

Q：澀味的由來是？
A：單寧本身無色無味，但會與口水中的蛋白質發生反應，進而帶來乾澀的口感。有些單寧含量太高的紅酒，喝起來會不太好入喉，因此酒商會先經過一段時間的陳放在拿出來銷售，為的就是讓單寧柔化後退去澀味。

Q：白酒中也含有單寧嗎？
A：紅酒是葡萄皮及葡萄梗都一起下去釀造，所以一定都會含有單寧，但白酒的釀造方式是先榨汁再發酵，所以發酵期間葡萄皮跟葡萄籽不會跟著一起，當然也就不會讓酒有澀味。不過由於有些白酒會存放在橡木桶陳釀，那就有可能會從橡木桶之中獲得少量的單寧，即便如此，白酒的單寧也遠遠不及紅酒，這也就是白酒喝起來沒有什麼澀味的原因。

Q：單寧為什麼重要？
A：基本上單寧是決定紅酒的風味、結構與質地的重要元素，如果沒有了單寧，那就不會有葡萄酒，而只是葡萄了。再者，單寧對於心血管有保護的作用，可防止動脈硬化，所以具有養生的價值。

113

只要説到紅酒，有個詞不管是不是內行人都一定會提到，那就是「醒酒」。我常會在朋友聚會的時候，聽到對酒其實一竅不通的人硬要問：「你的酒醒好了沒？」或者是在商務交流的場合中，發現想要不懂裝懂的人，抓著服務生説：「酒先都幫我打開，讓酒醒一下。」

一旦進一步去問：「為什麼要醒酒？」大部分的人應該都不太能回答上來，更遑論「哪些酒需要醒？」這樣的問題更是會難倒一堆人。

所以，到底醒酒是什麼意思？專業的侍酒師會説：「是為了讓紅酒裡頭的單寧接觸到空氣而軟化，進而促使紅酒喝起來更加溫醇、順口。」

How to Serve and Drink Wine

的
念
儀

正
確
的
觀
念
禮
儀

喝
酒
及

醒酒有訣竅
醒錯嚇一跳

　　紅酒一經開瓶，在酒液接觸到空氣之後，就會開始慢慢產生變化，這是因為單寧跟空氣正在起作用。如果一開瓶就馬上喝，新鮮的單寧會讓我們感到又澀又酸，那是單寧和口水的蛋白質產生反應後的結果。

　　然而，隨著紅酒與空氣接觸的時間越長，酒中的單寧就會越來越軟化，喝起來的口感也會變得更加柔順，而且果香也會徹底釋放。這種隨著時間而變化的多層次口感，事實上就是紅酒的迷人之處。

　　基本上，釀造年分較短，還處於熟成期的「新酒」，因為單寧的成分還很高，喝起來的味道難免會酸澀，所以一定要經過醒酒來喚醒風味；但若是年分較長、已經在瓶內充分熟成的「老酒」，就不見得需要醒酒的過程。

　　為了讓紅酒愛好者能夠順利體驗到不同的風味，市面上已有許多幫助醒酒的工具，像是快速醒酒器，或是電動醒酒器等等，不過一般最常見的方法還是將整瓶酒倒進醒酒瓶之中，以及直接倒在杯子裡放著醒。

常見的醒酒瓶類型如上圖，
在飲用新酒的時候，侍酒
師會提前 1 小時左右開始
將紅酒換瓶藉以醒酒。"

那麼，紅酒有沒有可能醒
過頭呢？當然是有可能的。紅
酒一旦暴露在空氣中太久，味
道就會開始變質，如果喝起來
有微微的醋味，那就表示已經
醒過頭了。

醒過頭的紅酒喝起來比還
沒醒的紅酒還要糟，不過不用
擔心，擱置太久或喝不完的紅
酒，可以拿來做成美味的餐
點，我將會在後面的章節介紹
一些我個人相當喜歡的紅酒料
理。

醒酒知識 Q & A

Q：為什麼要醒酒？
A：紅酒在釀造完成後，即可裝瓶上
市，有些酒商會將裝瓶的紅酒放在酒
窖內陳放，直到酒液的風味成熟適
飲才對外供貨，但大多數的紅酒都是
在年分尚淺之時就開始販賣，此時為
了讓年輕的葡萄酒也能散發出美妙的
風味與口感，就會需要經過醒酒的動
作，藉著讓酒液與空氣接觸來達到與
陳放相同的效果。

Q：醒酒到底需要多久時間？
A：這個問題沒有標準答案，因為每
一款酒的個性都不相同，而且每個人
對於好不好喝、口感好不好，也都有
各自的主觀意見，所以建議可以多嘗
試，並以 30 分鐘為基礎，在醒酒 30
分鐘後就開始品嘗，仔細地用舌頭與
口腔去分辨醒酒時間長短對紅酒的影
響，並從中找出自己最喜歡的醒酒時
長。

Q：醒酒的方法？
A：讓酒液大面積地接觸空氣，是醒
酒主要的目的，因此一般的作法是將
紅酒換瓶倒進醒酒瓶中，然後放置
等待。在換瓶倒酒的時候，會讓酒液
沿著酒瓶邊緣留下，延長酒液接觸空
氣的時間，換完瓶也會輕輕搖晃醒酒
瓶。

品酒的順序及技巧

　　當我們將紅酒醒好之後，接下來最重要的就是品嘗了。以正式的品酒會為例，喝葡萄酒的順序一般會是從清爽到濃郁、從不甜到甜、從酒精濃度低到酒精濃度高、從年輕的酒喝到陳年的酒。

品酒的基本順序是：觀察酒色→嗅聞香氣→對口品嚐。

　　品酒時杯中的酒差不多倒 2/5 杯即可，倒好之後第一步先將杯子傾斜45 度角，並開始觀察酒液的顏色，從色澤的澄清度及深淺度差異，可以判斷出該支酒是年輕的還是陳年的。年輕的紅酒顏色較深，陳放的年分越高，顏色就會越淺。為了更容易看出顏色差異，在觀察時可以拿一張有寫字或圖案的白紙放在酒杯後方當作背景。

第一步：觀察酒色

- **年輕紅酒**：顏色偏深，呈現藍紫色，幾乎不透光，看不到白紙上的文字。此類酒體單寧較多，酸度較低。
- **年分適中**：酒體呈現磚紅色，並有半透明之感，可以隱約看到白紙上的字樣。此類酒體有適量的單寧，酸度也適中。
- **陳年老酒**：酒體透明，白紙上的字樣幾乎清晰可辨。此類酒體單寧較少，酸度較高。

紅酒是越陳年顏色越淡，然而白酒卻完全相反，越陳年顏色就越深。

- **年輕白酒**：呈現淡黃綠色，有較高的酸度，冰鎮後風味較佳。
- **年分適中**：呈現金黃色，酸度適中，大多數的白酒都是屬於此類。
- **陳年老酒**：呈現濃郁的土黃色，酸度低，喝起來香氣濃郁且口感綿密。

第二步：嗅聞香氣

　　葡萄酒的香氣大致可分為「花香」及「果香」，而這樣的香氣會在三個不同階段產生，第一是來自不同種類的香氣、第二是發酵過程中所產生的香氣、第三是熟成過程中所產生的香氣。

- **葡萄種類**：葡萄的氣味主要來自於果皮，不同種類的葡萄各自都會有其獨特的香氣，葡萄酒能夠發揮多層次的芬芳氣味，果皮功不可沒。
- **發酵階段**：葡萄酒在發酵過程中會產生酒精與碳酸氣，並且還會有不少香味物質，不過這個階段所產生的氣味並不是那麼好，一般來說釀酒師都會盡量避免。
- **熟成階段**：葡萄酒的氣味會在熟成的過程中發展出自己的個性，包含皮革、焦油、石油、松露等等獨特氣味，都有機會在此階段產生。

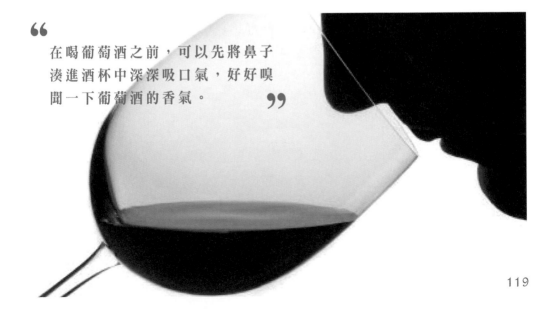

" 在喝葡萄酒之前，可以先將鼻子湊進酒杯中深深吸口氣，好好嗅聞一下葡萄酒的香氣。 "

　　自從開始深入學習葡萄酒的一切之後，我就確切感受到葡萄酒真的是具有生命力的酒，不僅會隨著時間而不斷變化，而且整個釀製過程都會讓葡萄酒生成專屬於自己的個性，難怪全世界有那麼多人會為了葡萄酒如此著迷。

第三步：對口品嚐

　　看過酒色、聞過氣味後，接下來最重要的就是喝酒了。葡萄酒有豐富多層次的味道，而舌頭的各個部位所負責的味道都不相同，所以想要全面性地感受葡萄酒的氣味，就要在喝一大口之後先含在嘴裡，讓舌頭的各個部位都能接觸到酒液。

> 我們日常所品嘗到的酸苦鹹甜，事實上是由舌頭的不同部位負責感受，所以喝葡萄酒時要滿滿一口含住，讓舌頭完全包覆在酒液裡，這樣才能充分體驗到葡萄酒的完整氣味。

紅酒氣味小故事

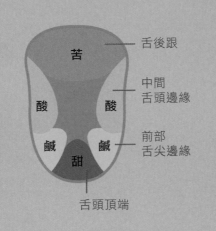

苦
舌後跟
酸
中間
舌頭邊緣
酸
鹹
前部
舌尖邊緣
鹹
甜
舌頭頂端

在上侍酒師課程的時候，有次老師問說：「能不能分辨出黑醋栗的味道？」結果我一頭霧水，因為當時我根本不知道什麼是黑醋栗。後來有一次到長榮酒坊，才終於看到了黑醋栗果實，也喝到了黑醋栗汁，它喝起來酸酸澀澀的，雖然長得像藍莓，可是味道完全不同。從那之後我也懂得如何判斷紅酒中的黑醋栗氣味。所以我想，生活中的許多細節，其實都能幫助我們增進分辨紅酒氣味的功力，好好體驗生活就對了。

　　說了這麼多品酒的技巧，或許有人會好奇我自己喜歡什麼樣的葡萄酒氣味，其實以前的我只喜歡甜味的，所以大多喝有淡淡甜味的白酒，或是帶有熱帶水果香氣的紅酒。不過自從拿到了侍酒師資格、體驗到葡萄酒與不同食物所激盪出來的美味香氣後，我就深深愛上了葡萄酒多變的性格。

　　像是之前有個朋友帶了一支 6 千元左右的紅酒來分享，在介紹的過程中我得知那是歐巴馬舉辦國宴時所使用的酒品，因此我就相當期待這支酒的氣味變化，結果真的沒讓我失望，當時我們用國宴酒搭配知名鐵板燒店的牛肉一起享用，難以形容的美味我到現在都還印象深刻。吃牛肉前後，葡萄酒喝起來真的會有不同的氣味，尤其是吃了牛肉再喝酒，氣味又順又綿，層次完全不同。

“
跟三五好友慢慢喝酒、
慢慢品嘗美食，
然後聊聊彼此近況，
這才是真正的享受生活。 ”

在我的這本書裡面主要想談的內容是關於凍齡與養生，那麼為什麼會特別用較多的篇幅來聊葡萄酒呢？除了是因為我拿到侍酒師證照，想跟大家分享我在這個過程中所學到的葡萄酒相關知識，當然更重要的一點是「喝葡萄酒能養生」。

就像前面所提到的，葡萄酒中含有單寧，這是一種多酚類，對控制血栓很有幫助，喝紅酒能達到維持心臟健康的養生目的，甚至可以延年益壽；另外像是花青素、白藜蘆醇、胺基酸等等，也都對身體有好處。前幾年世界衛生組織曾公布過 10 大健康食品，其中包含番茄、菠菜、堅果、燕麥等等，而紅酒也在名單之中。

雖然喝葡萄酒對身體有好處，但有一個非常關鍵的重點一定要提出來，那就是「適量飲酒」。

要品酒，
不要酗酒

Taste it with good taste.

其實不只葡萄酒，有不少種類的酒對身體都有好處，所以也有不少專家建議大家可以在睡前小酌一下，會有幫助增加好的膽固醇、減少心血管疾病的產生、降低失智的風險等等的好處，再者也能放鬆壓力、讓自己更好入睡。

但水可載舟、亦可覆舟，若是一個不小心喝過了頭，那酒精對人體所帶來的負擔，可也是不容小覷的。

我們都知道該要適量飲酒，不過到底喝多少才算適量呢？我有很多朋友都喜歡在用餐席間喝點小酒，或是睡前為自己倒個一杯烈酒，他們傾向以「微醺」當作標準，喝到差不多微醺了，就覺得該停了，這當然不是正確的方法，畢竟每個人的酒量不同。

另外也有人會以杯數來計算，一天喝一杯，至多喝到兩杯，就算是適量飲酒。如果要用這樣的方式來衡量，那麼我必須要說「多大一杯」會是關鍵。同樣是一杯 150cc 的酒，酒精濃度大多落在 15% 以內的葡萄酒，跟威士忌之類的烈酒動不動就 40% 以上，喝起來當然大不相同，烈酒一天若喝到 150cc，那就有點太多了。

何謂適量飲酒？

How to properly drink wine ?

　　以上的方式，都偏向依循自己的感覺，但感覺是會變的，難以真正當作標準使用。不過不用擔心，國際上有一個適量飲酒的公式，可以很快算出你每天喝多少酒不會過量且能達到養生效果。

適量飲酒公式：

0.7cc 酒精 × 體重 Kg ＝個人飲酒每日最大極限

　　這個公式是以體重為基礎來計算出每天最多能攝取多少酒精，我們用一個實際的例子來說明。假設你為一個體重 70 公斤的男性，那麼根據公式計算：0.7×70 ＝ 49，意思就是 70 公斤的男性每天最多能喝 49cc 的酒精。接著來看相對應的攝取量，以紅酒來說，平均酒精濃度大約是落在 12%，代表每 100cc 裡頭會含 12cc 的純酒精。所以如此推算下來，70 公斤的男性每天可以喝 400cc 酒精濃度 12% 的紅酒。

0.7cc×70kg ＝ 49cc（70 公斤男性每天能攝取的酒精量最大值）
（49cc÷12cc）×100cc ＝ 408cc（70 公斤每天喝紅酒的適量值）

保持年輕的秘訣之一，
就是適量喝酒，當然酒
類也有很多選擇，對我
來說，葡萄酒是養生首
選。

別再大口喝酒大口吃肉

　　我在年輕的時候血氣方剛，跟朋友聚餐時常會肆無忌憚地大吃大喝，可能因為身體狀況處於巔峰吧，當時並不覺得這麼做會對身體帶來負擔。不過慢慢長大之後，我開始發覺到狼吞虎嚥的吃法根本沒辦法嘗出食物的美味之處，喝酒也是如此，每次都大口大口灌下去，在喝什麼都不曉得，總是要喝到暈頭轉向了才知道該停下來。

　　還記得以前我很有酒膽，不管席間有什麼樣的人物，我都會很阿莎力地一杯一杯乾掉，就像我曾到北京跟國台辦主任同桌用餐，當時喝的是酒精濃度相當高的茅台，喝起來烈得燒喉、難以下嚥，但我還是喝了不少，當下心裡只想著氣氛融洽、大家開心最重要。

　　大吃大喝沒有節制的結果，當然除了會影響身體健康之外，體型體重也會失控，所以每當狂歡完之後，我就會花很多時間運動、節食，來讓自己回到標準狀態，真的很辛苦。

　　這樣的循環我並不喜歡，但就我的生活經驗來說，又覺得大家都這麼做就應該是對的。真的是直到接觸了葡萄酒的飲酒文化，才了解原來喝酒也可以如此優雅有氣質，而且如此享受。

　　最明顯的一點改變，就是我在喝紅酒的時候會變得特別慎選食物。因為好的餐酒搭配，可以互相襯托，但錯誤的搭配可就是場災難了。我曾經在吃了生菜沙拉之後配紅酒喝，結果嘴裡的滋味澀到不行，後面再用什麼美食都救不回來；還有一次是喝了檸檬水之後再喝紅酒，當然也是錯誤示範，整個味道都不對了。

　　對味道開始變得敏感且重視之後，我會在任何品酒的場合更加謹慎，不僅不會大吃大喝，更有了能力可以判斷什麼該吃什麼不該吃，不會人家端什麼上桌就吃什麼，而是希望能吃到自己想要感受的味道。

·· 用酒交朋友 ··

　　我是個喜歡交朋友、喜歡廣結善緣的人，尤其在 35 歲以整形皇后之姿在演藝圈復出之後，就有很多人際往來的機會。朋友都說我是一個很稱職的公關，任何代言的產品我都能盡到最大的影響力推廣分享出去，朋友開的餐廳只要透過我的介紹，往往也都能變得高朋滿座。取得侍酒師資格後，我也會透過舉辦品酒會的機會銷售我認為物超所值的紅酒，買到的人開心、業主也收穫滿滿，這對我來說就是最大的成就感。

　　台北有間鼎鼎有名的禮服租借名店，我跟老闆娘是舊識，每當我為了參加活動去租借禮服時，老闆娘總會讚嘆地表示很少有女生具有像我這樣的公關能力，他覺得只要有我在，場子就一定會很熱鬧。

　　與各行各業的好朋友日常的互動，其實就建構了我的生活樣貌，而在我改變喝酒的習慣之後，我就變得越來越喜歡這樣的生活。酒是非常好的社交工具，可以增進情誼，讓彼此的關係升溫，但若因為應酬而喝到變成酗酒，那就得不償失了。希望透過這本書的分享，能讓更多人改變喝酒的習慣，跟我一起越喝越健康、越喝越凍齡。

Drink wine
and make friends.

葡萄酒怎麼保存？

18 度 C　較老且陳年的紅酒
16 度 C　年輕或充滿濃郁味道的紅酒
14 度 C　成熟、充滿濃郁味道的白酒
12 度 C　白酒、香檳或氣泡酒

存好健康，
讓我
享受紅酒
無負擔

Body
Care.

　　享受美食及紅酒之餘，我平時也很注重肌膚的保養，除了優質保養品之外，我也漸漸開始注重由內而外的保養。畢竟真正的美麗，應該由體內調理，再向外綻放，追求內外都亮麗的美魔女。

　　曾使用過不少美肌保健食品，其中有一款讓我印象深刻、愛不釋手。記得第一次接觸這個產品時，覺得它的外觀設計超美，心想應該跟一些美肌的保健食品類似，就是讓肌膚水嫩Q彈而已吧。

　　於是我抱著姑且一試的心，一開始早晚各喝一瓶，沒想到喝了三天之後，原先喝咖啡會心悸的狀況竟然減輕許多。因為我對咖啡情有所鍾，但卻又會因咖啡而心悸；為了改善，我跑了好多次醫院，還曾戴過24小時的心率測量器，但直到現在，這症狀還是不時困擾著我。想不到這瓶小粉紅竟可以幫我趕走心悸這個大麻煩，讓我享用咖啡無負擔。

Wine Beauty ~

・・・ 美人配美酒 ・・・

　　另外還有一次，我在某天晚間和朋友吃飯時喝了一點酒，想起以前如果穿高跟鞋又喝酒時，小腿就容易水腫不舒服，害我整晚擔心著；但直到回家才發現小腿竟完全沒有不適感，也幾乎沒有水腫，想不到它可以帶給我這麼大的改變，讓我驚訝之餘更是開心！

　　直到我認真研究了一下這個產品，才發現裡面除了添加魚鱗膠原胜肽、專利荔枝籽萃取物、專利賽洛美、專利燕窩酸等，具有美肌功效的成份外，更添加了能抗老化、調理生理機能的特殊營養元素。

　　就是來自法國、可以改善血液循環的高抗氧化松樹皮萃取物，這個我從沒聽過的成分，居然具備有超過 7000 位受試者的人體臨床研究。除了可改善末梢血液循環外，對於深受飛行症候群所苦的族群，也就是久站久坐的朋友們，常在腿部發生靜脈曲張，或因痔瘡所困，皆可幫自己減少不適症狀。像我一樣，長年有靜脈曲張困擾的人，都能有效改善呢！

享受生活，健康不可少
Q10 & Healthy

　　而且其中還特別添加輔酶 Q10，我對這個營養素很熟悉，為了保護我的心臟，我的家庭醫師平常就會開給我 Q10。記得有一天，我出門時忘記帶醫生開給我的 Q10，讓我極為擔憂。不過擔心之餘，我想起這瓶小粉紅裡有特別添加 Q10，於是我當天特別加量飲用來補救一下；想不到整天忙碌下來，心律不整的情況都沒有發生，真是太棒了！

　　這段時間以來，這瓶小粉紅對我健康的調養真是始料未及的，一開始只是期待可以維持皮膚 Q 彈澎潤；想不到除了外在的皮膚美白，還從體內幫我改善了水腫和心悸的困擾，真是開心極了呀！

　　如此一來，我就可以放心享受香醇美酒及濃郁咖啡而無後顧之憂了。時時存好健康資產，才可放心享受人生；希望大家都可以跟我一起，追求由內而外的健康美麗喔！

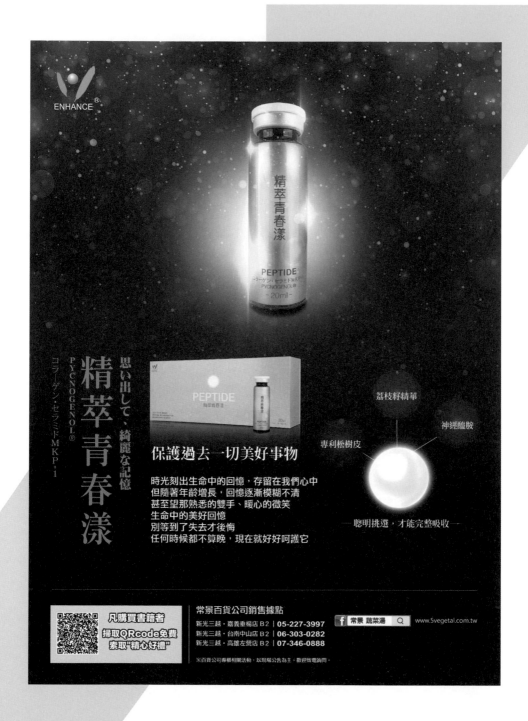

3

凍齡教主
教你
暢玩品酒會

Get to know more about Wine Tasting Event.

品酒會 在玩什麼？

　　我因為很早就出道的關係，再加上喜歡廣結善緣，所以經常會有參加派對或商務交流活動的機會。就我的觀察，近年來相當流行的品酒會，其實崛起的時間還不是很長，在紅酒文化開始走進普羅大眾之前，喝葡萄酒基本上是算是貴族或有錢人之間的小樂趣，也就是有很強烈的階級意識，自古以來只有富人或是有身分地位的人，才能享受得起，平民百姓很難喝到葡萄酒，更遑論參加上流社會的交際活動。這樣的現象幾乎維持到 1970 年代，當時因為全球經濟復甦，人們的生活水平提高，所以非專業性的品酒風氣開始在法國流行起來，不久後其他國家也逐步跟進，慢慢地這項原本屬於貴族的活動才揭開神秘面紗。

融入各種場合的百變女王

　　就我的觀察，其實我發現大多數的人對於喝酒這件事情並不是那麼講究，也就是說，一般人若是喜歡喝紅酒，會願意多花一點錢挑選好的年份或好的品牌，不過對於品酒的重點與步驟，或是宴席上喝紅酒的禮節及文化，就不是那麼注重了。

　　當然，紅酒文化與品酒的習慣，都是從外國帶進來的，以台灣長年來的飲酒文化來講，常常是喜歡熱鬧，講求盡興爽快的氛圍，再配合具有台灣味的一些酒拳助興，這樣的酒攤相信大家都很熟悉，也會有親切感。

　　我自己也有非常多參與酒攤的機會，更幸運的是我經常能與許多大人物同桌同歡，無論是黑白兩道、政府官員、民意代表，或是大企業的老闆等等，我都藉著這樣的場合認識了不少。

　　我是一個極具彈性的人，可以很快地融入在各種不同的場合中，哪怕是高聲喧嘩的傳統酒攤，上下輩分非常明確的日韓酒會，我都能如魚得水、自在優游。到後來我開始被紅酒吸引，並進一步順利拿到侍酒師資格後，我也就搖身一變成為品酒會的主人，用優雅的氣質迎接每一位來接受我招待的貴賓。

　　在台灣酒攤、日韓酒會、歐美品酒會上的我，都各有不同的樣貌，但那都是我。我喜歡在本土味濃厚的酒攤上，跟日理萬機的大哥們聊精彩的社會大小事，看似張力十足的江湖故事，其實蘊含著固有的人情義理，每每都讓我聽得目瞪口呆；我也喜歡舉辦品酒會，在優雅敲杯的過程中，互相交流人生經驗。不同生活圈有不同的樂趣，不同領域的人也有不同的相處之道，對此，我始終抱持著開放的態度，我想這也是我能夠穿梭在各個圈子的主要原因吧。

> 66
> 我有不少朋友在政治圈裡頭努力，
> 能將自己的人生奉獻給社會與國家
> 的人，我都非常敬佩。 99

初生之犢
主辦品酒會

　　參加別人所主辦的活動，我可以輕鬆赴約、盡情享受，但是自己要跳出來主辦，可就馬虎不得了。在成為侍酒師之前，我其實也參加過不少類似品酒會的活動，不管是商務交流，或是公益性質，我都玩得很開心，留下不少美好回憶。但我真的沒想到，原來要舉辦一場活動，前前後後要準備的東西如此繁雜，要關照的細節更是多如牛毛。

　　要拿到侍酒師的證書是一件困難的事情嗎？對我來說其實並不困難，我是個想做什麼事就會認真面對的人，看書學習也是如此，

所以儘管我一開始對葡萄酒一竅不通，但還是很快地將所有該記得的內容、該學的知識，都收為己用。

拿到證書之後，我立刻就想要自己辦品酒會，結果這話一說出去，身旁就有朋友開始笑我，他不是認為我做不到，而是他知道我把事情想得太簡單了。

事實證明，我是真的把事情想得太簡單了。

在籌辦品酒會的前置階段，我開始遭受到大大小小的問題跟困難，幸好安格斯餐酒館的老闆安格斯是箇中老手，給了我非常多建議，而我也在實際運作的過程中邊做邊學，很快就進入狀況。

那時候，我自己一個人就連續舉辦了三場品酒會，並且也就此決定加入安格斯餐酒館的經營行列，成為股東之一，正式將品酒納入我的事業版圖之中。

我的第三場品酒會邀請了演藝圈的好友唐玲前來共襄盛舉，另外還有好幾位幕前幕後的好朋友來相挺。

那麼，品酒會到底在玩什麼呢？我以自己所舉辦的活動為例。事實上要舉辦一場成功的品酒會並沒有那麼容易，在正式開始之前，就得要做許多事前的準備，像是得要決定餐會上會用到的酒單，並跟主廚討論菜單，美酒要有美食搭，才能發揮一加一大於二的美味效果。

因為目的是品酒，所以就必須要替每一位來賓準備足量且適當的酒杯，在進行現場布置的前置作業中，要先在每個座位上依照品酒的順序排好相對應的酒杯，氣泡酒的酒杯是細長型的，紅酒酒杯則是寬圓型的，在此也簡單說明一下酒杯的分類與作用。

Become a
wine connoisseur.

不僅要喝酒，
還要懂酒。

　　品酒會一般可分成餐酒會，或是單純的品酒，不過即使是單純的品酒，也會擺上一些適合配酒一起食用的小餐點。如果是餐酒會，那又可分成 buffet 供餐，或是個人套餐。無論是什麼樣的形式，品酒會中最重要的人物就是侍酒師，因為會來參加品酒會的人，有滿大一部分是為了體驗不同種類的酒，而侍酒師主要的任務，就是在品酒會上傳授分享紅酒的知識及介紹酒款的來源背景。關於侍酒師的工作內容，在下個小節會有更完整的說明。

　　接下來我就以參加品酒會前及活動進行中的兩個不同時間點，來帶出品酒會在玩什麼。

××××××××××××××××××××××××
××××××××××××××××××××××××

> 高腳杯的杯體造型非常多，但這並不光是為了好看，
> 裡頭還蘊含著許多能幫助我們品酒的巧思。

葡萄酒酒杯的分類

　　我們慣用的葡萄酒杯可分成三個部分，分別是圓滾滾的杯體、細長的杯根，以及最下方的杯座。因為紅酒在 16～18 度飲用風味最佳，白酒則是在 5～12 度喝最好喝，所以在喝葡萄酒的時候，使用這類的高腳杯，就是為了避免手掌的溫度影響了酒的風味。

紅 酒 杯　杯體要夠大，杯口較寬，讓酒杯能幫助紅酒香氣的展現。

白 酒 杯　杯體較小，杯口也較窄，一般為長橢圓形，能保留住白酒細緻的香氣。

氣泡酒杯　也就是香檳杯，杯口小、杯體細長，可以讓氣泡在酒杯中存在的時間拉得更久，慢慢喝也不會失去風味。

參加品酒會前的注意事項

1. **了解主題**：每個品酒會都會有個主題，若是由企業行號或酒商舉辦的，通常會帶有行銷宣傳的目的，私人舉辦的就比較活潑多元了，像我就會用類似舉辦派對的方式邀請朋友來參加我主導的品酒會。事先搞清楚活動主題，並做一點功課，或是在穿戴上滿足主辦方的要求，是參加品酒會的基本禮貌。

2. **安排交通**：「喝酒不開車、開車不喝酒」，為了在品酒會上盡興參與，一定要在事前規劃好回程的交通，即使是自己開車前往的，也要先找好安全駕駛或是請代駕公司派人協助。

3. **墊墊肚子**：品酒會一般都是以喝酒為主，有供餐的話大多也會走精緻路線，但因為空腹喝酒對腸胃健康多少會有影響，且太過飢餓也會讓人無法專注在品酒上，所以去參加品酒會前記得要先自己吃點東西暖暖胃。

4. **服裝儀容**：品酒會有的相當正式，有的則走輕鬆路線，不過不管是正式或半正式，都應該要打點好自己的服儀再去參加。一般建議男生最好還是穿西裝及襯衫，領帶可以視情況配置；女生則可以穿套裝或小洋裝，或是在正式的場合上穿小禮服也可以。另外要留意一點，衣服的顏色可以盡量挑深色系的，因為品酒會上常會有搖晃酒杯或互相碰杯的動作，若是不小心讓酒潑濺到衣服上，穿深色的至少不會太明顯。

5. **避免氣味**：參加品酒會是為了感受葡萄酒的香氣與風味，所以在喝的時候會先聞一聞，如果你噴了味道明顯的香水，恐怕就會影響到其他人的嗅覺，因此應該避免。

品酒會活動中的注意事項

1. **注意順序：** 在活動開始之前，侍酒師就會先介紹一下當天要喝的酒款，也會按照適當的順序來送酒上桌，一般來說品酒的順序是先輕後重，也就是會先從氣泡酒或白葡萄酒開始喝起，隨後才是紅酒，最後若還有甜酒的話，就會以甜酒作結。照著這樣的順序喝，酒款之間的氣味比較不會互相影響。

2. **仔細品酒：** 專業的侍酒師除了會挑選好的酒款來介紹之外，也會在席間安排適當的美食，讓來賓能感受美食與美酒搭配起來的不同氣味。因此，在參加品酒會時，要記得靜下心來好好品嘗，不要辜負侍酒師的精心安排。

3. **把握學習：** 葡萄酒是國際上重要的社交工具，不只在台灣如此，在世界各國更是如此。品酒會上侍酒師或多或少都會傳授品酒的技巧，尤其是教導分辨酒品氣味的方法，此時能學多少就盡量吸收，對於日後的商務社交一定會有幫助。再者，品酒會上

往往藏龍臥虎，各個不同領域的菁英人才都有可能出現，所以在會場上可以打開耳朵，多聽聽不同領域的人發表高見。

4　**大方交流：**參加品酒會基本上不僅可以多喝幾種不同的酒，還能交到新朋友、進行商務的交流。建議大家，既然都進到會場了，就放開束縛，多主動去認識新朋友，換換名片、彼此寒暄，在熱絡的氣氛下多為自己創造一些人脈。

　　對我來說，品酒會是好玩且具有知識性的活動，所以非常推薦大家有機會就多多參與。現在從網路上就能搜尋到不少品酒會的資訊，像是活動通網站，或是不少飯店也都會釋出品酒會的活動訊息。希望葡萄酒有興趣，以及想要開拓人脈的朋友，可以在看了我的書之後，主動跨出腳步，開始屬於自己的品酒會之旅。

How to be a
Professional
Sommelier ?

前面提到非常多次侍酒師這個詞，那麼到底什麼是侍酒師呢？工作內容是什麼？要具備什麼資格或能力呢？現在我就來為大家揭密。

首先，來談談侍酒師的由來。在中世紀的歐洲，葡萄酒已經開始進入人們的生活，不過當時只有貴族才能喝得到，一般平民百姓是不可能接觸到葡萄酒的。貴族們為了吃得更安心，所以會特別找一位專職的下人在每一次用餐前幫忙「試毒」，測試看看食物與酒品是否安全無虞，並且負責一些酒水管裡的工作，這就是最早的侍酒師。在那個年代，這樣的工作算是相當低下。

不過到了 19 世紀後期，「Fine Dinning」的概念開始盛行，上流社會之間對於餐酒的搭配、桌邊的服務等細節開始重視，於是侍酒師就慢慢成為了一個重要的職位，而且甚至還必須得要通過考試取得資格，才能從事這門行業。

在法國，侍酒師資格屬於國家考試，足見法國人對侍酒師的重視。而國際上則有 Wine and Spirit Education Trust（WSET）授權舉辦的考試，我就是經過專業課程的學習之後，取得了 WSET 的一級證照。WSET 在台灣可以直接做一到三級的考證，最高的第四等級則要到香港去考。

如何當一個
稱職的侍酒師？

❝
餐酒搭配是品酒會的重頭戲，
也是侍酒師展現功力的舞台。❞

侍酒師做的事比你想得還要多

侍酒師的工作其實很廣泛，一般包含餐點與葡萄酒搭配的安排，酒類的採購與儲藏，以及訓練餐酒的基礎服務人員等等，但最重要的一點是，侍酒師負有傳遞酒類的專業知識與觀念的責任，要教導人們懂得如何品酒，像我在舉辦品酒會的時候，或是參加正式的餐酒場合，大多會上台擔任講師，透過專業的簡報將正確的飲酒觀念帶給大家。

餐酒搭配的安排，我覺得是侍酒師的工作中最有趣的一環，因為此時的侍酒師會像個電影導演或小說家一般，透過各式各樣的組合讓整體更加完美和諧。

一般簡易的品酒會，基本上會準備起司、火腿、麵包等輕食；正式的餐酒會則大多會安排前菜、正餐、甜點等一系列的套餐。將餐點準備好，然後在活動中引導來賓一邊吃一邊感受葡萄酒的風味變化，是我最喜歡做的事情，每每看到來賓們的表情中所透露出來的讚嘆，我就會感到非常幸福。

Arrangements for wine tasting events.

用豐富的知識奠定基礎

身為一個侍酒師，我想傳達的第一個重要觀念，就是品酒的方法。前面我有提到品酒不只是光喝而已，還得看看顏色、聞聞氣味，那麼接下來我就更深入地來談品酒的 4 個 S。

品酒步驟 4S
Sight、Swirl、Smell、Sip

1　**觀其色澤 slight**：將酒到在高腳杯中，握著杯腳，觀其色澤。
2　**旋轉 swirl**：手搖杯。
3　**聞其香味 smell**：輕搖酒杯讓香氣釋放出來，聞其散發的香味。
4　**品嚐 sip**：啜飲一口，讓酒在舌頭各處流動，感覺其味道及酸甜度。

在此想提醒喜歡喝紅酒的朋友，如非必要可以不用做出搖晃杯子的動作。基本上正式的品酒會都一定會在開始前就將紅酒醒好，所以倒入杯中後就可以直接觀察顏色、嗅聞氣味，以及開始品嘗。除非紅酒剛開瓶還沒醒過，才會需要以搖晃酒杯及稍微放置的方式醒酒。

因為搖晃杯子的動作其實常會帶來意外，比方說不小心將酒液潑灑到自己或他人身上，造成衣物染色，被紅酒沾到的衣服可是相當難處理的，尤其我又是很喜歡穿白色服裝的人，一個不小心沾到紅酒，不僅會損失衣物，心情也會受到影響。

另外一個可能會在飲酒過程中發生小插曲的動作，就是碰杯。無論是在本土味濃厚的酒攤，或是優雅的品酒會上，大家都會習慣在喝酒之前互碰一下杯子，這是一種約定成俗的禮儀。碰杯的時候也要盡量適力，不要因為熱情而用力過猛，否則酒液噴灑出來事小，玻璃杯碰破了割傷彼此就更麻煩了。

碰杯的禮儀

1 晚輩向長輩敬酒碰杯時，晚輩要雙手舉杯，表示尊敬。

2 碰杯時，晚輩的酒杯要低於長輩的酒杯。如果長輩的酒杯已經太低了，晚輩可以用另一支手稍微作勢抬一下長輩持酒的手。

3 與不熟或是陌生的朋友碰杯時，自己的杯子盡量不要高於對方，以示禮貌。

4 喝葡萄酒時不需要太常碰杯，因為一般葡萄酒會配著餐點一起喝，因此每個人有不同的節奏，頻繁的碰杯邀約可能會打亂對方的用餐節奏與心情。

侍酒師對酒的氣味要夠敏銳

　　侍酒師在品酒會上最大的任務，就是帶領與會的來賓體驗及感受不同的葡萄酒風味。為此，侍酒師當然必須要先練就一身好功夫，讓自己能很快分辨出葡萄酒的氣味中所蘊含的層次變化。拿我來說，經過一段時間的練習之後，我現在已經可以很快在嗅聞時就分辨出葡萄酒的特殊氣味，無論是芬芳的花香或是濃郁的果香，都難不倒我的鼻子及舌頭。

　　在所有的氣味之中，我最喜歡的莫過於類似像雨後青草地的清新感，這樣的氣味應該有很多人跟我一樣著迷。不過另外一個我喜歡的氣味可能就比較冷門了，我還喜歡接近汽油的味道。其實我從小就很喜歡聞汽油的氣味，甚至還曾經因此想要去加油站打工。所以後來我在喝白酒的時候分辨出汽油的味道時驚為天人，因為我完全沒料到在品嘗白酒的同時，居然能嗅聞到自己喜歡的汽油味。

　　成為侍酒師對我來說的另外一個小小收穫，就是對於食物的氣味有了全然不同的觀感。以往我吃到美食，頂多就是形容一下口感，但很難深入分析氣味，因為我沒有受過這樣的訓練，當然無法分辨出來。但現在我的嗅覺與味覺的能力被打開了，不只能分辨葡萄酒，對於其他食物的氣味也變得更加敏銳，這真的是學習品酒的意外收穫。

"
以前我在參加品酒會之類的活動時，都不知道原來
要準備那麼多東西，還有那麼多細節要考量。
"

How to host a wine tasting event?

　　參加品酒會有很多好處，像是有機會一次喝到不少平常較難接觸到的好酒、認識喜歡品酒的同好、在洽談間學得不同領域的觀點或得到商務合作機會等等，不過說起來，能在一場完美的品酒會中，享受著輕鬆的微醺氛圍，就已經是非常棒的一件事了。

　　為什麼去過品酒會的人往往都會愛上那種氛圍，並且會一去再去？主要是因為品酒會從燈光、音樂、擺設、座位安排，一直到所有流程，都是經過精心安排的，當然要成就一場令人印象深刻的品酒會，侍酒師絕對是關鍵人物。

　　在正式成為侍酒師之前，我也參加過不少大大小小的品酒會，有的簡單輕鬆、氣氛融洽，有的則非常正式，有明確的活動主題。以當一個受邀的來賓而言，我從沒想過籌辦一場品酒會有多麼不容易，往往都是到了現場就開始四處打招呼，跟著一起評論一下餐點與酒的好壞。至於活動前主辦方在前置作業花了多少功夫、活動中的流程走得順利與否、結束後如何讓人帶著美好的句點安全返家，我可以說是一點概念都沒有。

×××××××××××××××××××××××
×××××××××××××××××××××××

如何舉辦一場
成功的品酒會？

Preparation matters.

事前準備最為繁瑣

　　舉辦品酒會一般都會有一個主題或目的，比方說我所舉辦的品酒會，主要目的就是找親朋好友來互相交流，當然也會藉此銷售我認為 CP 值高且好喝的葡萄酒。具以專業素養的侍酒師，在確認品酒會的目的之後，就可以開始規劃酒單，接著進一步與廚師討論適合酒單的餐點。

　　會來報名參加品酒會的人，大多都對酒有一定的認識，可能個人喜好的酒款各不相同，但基本的觀念一定會有，所以舉辦品酒會的時候可以盡量避免透露過多的細節，讓來賓可以自己在品酒的過程中去挖掘，這是品酒重要的樂趣之一。

　　不過，想要做到賓主盡歡，品酒會舉辦的時間點就得好好思考了。我們人的味覺基本上是在午餐前或晚餐前最為活躍，可以更加敏銳地感知葡萄酒的不同氣味，所以這兩個時段是舉辦品酒會的最佳考量。

　　再者，品酒會上除了會喝三種以上的酒款之外，也一定會有食物，不管是簡單的點心，或是完整的套餐，都會讓口腔及舌頭布滿複雜氣味。所以在活動前一定要準備好讓客人可以方便清潔口腔的東西，包含白開水、白麵包等等。

> 作為品酒會的主人，需要有敏銳的觀
> 察力，盡可能滿足每位來賓的需求，
> 並讓大家都能盡興而歸。

常見紅葡萄品種與風味

Cabernet Sauvignon	**波爾多 Bordeaux** 青椒、黑醋栗、黑莓、薄荷、柏木、巧克力、煙草
Merlot	**波爾多 Bordeaux** 玫瑰、梅子、辛烈香、李子、紫蘿蘭、柿子、豆沙包
Pinot Noir	**勃根地 Burgundy** 紅莓、玫瑰、紫羅蘭、野生動物
Chardonnay	**勃根地 Burgundy** 桃子、瓜、鳳梨、奶油、柚子、蘋果、梨子、香草
Sauvignon Blanc	**波爾多 Bordeaux** 草地香氣、蘆筍、煙燻或礦石味，清新的果香與適度的酸味
Riesling	**法國 Alsace（阿爾薩斯）、 德國萊茵河（Rhineor Reine）** 花香、萊姆、青蘋果、檸檬草、青芒果

Details.

其他活動細節

1　**講台布置**：品酒會一般都會設置舞台，讓侍酒師能在眾人的關注下傳遞觀點，當然有想要分享感想的來賓也可以上台講話。既然有舞台，就要留意燈光、麥克風、音響、投影機及投影布幕等硬體設備，並且活動前一定要將硬體設備全部測試過一遍。

2　**撥放音樂**：一邊喝酒一邊聽音樂，是人生的一大享受，想讓來賓能充分徜徉在現場環境裡，最好的方式就是挑選符合氣氛的音樂，像是古典樂、爵士樂等等，都非常適合。

3　**準備足量的酒杯**：每個來賓都要準備兩支以上的酒杯，當然能依照不同的酒款準備相對應的酒杯是最好。酒杯要清洗乾淨，可不能有灰塵或水痕。

4　**帶動話題**：來品酒會的人大多互不相識，即使每個人都是社交高手，但若沒有人出來主持，很可能會變得鬧哄哄，或是靜寂一片。因此侍酒師或主辦方要適時跳出來帶話題，引導來賓進行討論互動。

在家替自己簡單準備葡萄酒絕配

　　如果平常不太有時間能抽出空來參加品酒會，其實在家也可以自己輕鬆替自己營造良好的喝酒氛圍，以下幾種零食幾乎都在超商或大賣場就能買到，不知道該怎麼挑選葡萄酒也不用擔心，在酒瓶上大多會詳細標明該瓶酒的風味屬性，根據資料去挑選零食，就不太會踩雷，想要享受個人微醺時刻的朋友不妨可以試試。

葡萄酒 × 零食的絕妙搭配

1　**硬起司**：適合搭配口感較為厚重的紅酒，或是置於橡木桶陳放的白酒。
2　**軟起司**：適合清爽的白酒、氣泡酒，或是薄酒萊新酒。
3　**堅果類**：杏仁、核桃、腰果等堅果，適合中等酸度的紅酒。
4　**起司玉米棒**：鹹味強烈的起司玉米棒，用來搭配熟成的陳年紅酒最適合。
5　**巧克力**：濃郁的巧克力在喝白酒或紅酒的時候，都是絕佳的搭配選擇。
6　**牛肉乾**：具有咬勁的牛肉乾，適合搭配層次豐富的酒款。
7　**洋芋片**：冰涼的氣泡酒用來配洋芋片，絕妙滋味讓人吮指難忘。

Best food to eat while drinking wine.

4

凍齡教主的
紅酒美食

聽到養生這個字眼時，你會想到什麼？大多數的答案應該會是吃健康無污染的食物；多喝好水，而且要喝 2000cc 以上；每天早睡早起，最好晚上 11 點前就寢；還有就是維持運動習慣。不過坦白說，這些養生的好習慣有多少人能做得到呢？現代人生活忙碌，光是公司與家庭兩頭燒就夠累人的了，哪還有時間顧及養生。況且，如今是資訊爆炸的年代，手機及平板又那麼普及，一有空檔恐怕多數人都是拿起手機滑個過癮再說，在打手遊或滑社交軟體的時候，追求養生健康的想法早就飛到九霄雲外。

　　難道生活中就沒有能夠輕鬆做到，而且會越做越開心的養生方法嗎？其實說起來還是有的，喝紅酒就是其中之一。

Lohas wine, Lohas Life.

喝紅酒，
樂養生。

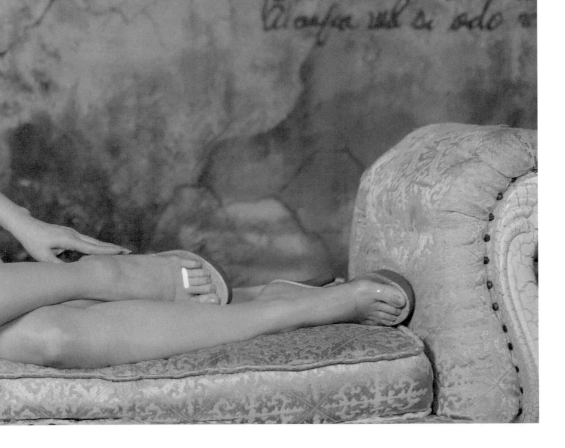

4

從今天起，
喝紅酒養生。

在西醫的觀點裡，喝紅酒有很多好處，像是前面提過的預防心血管疾病等等。我將幾個重要的好處條列出來：

喝紅酒的好處：

1　預防心肌梗塞與腦血管病
2　降低癌症機會
3　延緩衰老
4　骨質疏鬆及風濕性關節炎
5　降低患腿部動脈疾病
6　美容養顏與減肥

可別以為只有西醫認同葡萄酒是健康食物，就連中醫也對葡萄酒有相當高的評價。就中醫的觀點來看，養生最好就是取材自天然，無論是食補或藥補，都會對健康有幫助，而且也不用擔心化學成分的殘留對身體的影響。

葡萄酒是用天然的食材釀造而成，過程中沒有添加任何化學成分，而且裡頭的所有物質也都很天然，就連酒精也是在發酵時自然產生的，不像其他酒類有可能會使用添加酒精的方式勾兌製成，所以在中醫眼中，葡萄酒是自然養生的聖品，只要不過度飲用，一定會對身體健康有所幫助。

為什麼喝紅酒可以養顏美容？

　　我是一個非常愛美的人，所以很願意去嘗試能讓自己變美的事物，就連去接受整形我也是抱持著這樣的態度。因此當我聽到喝紅酒可以養顏美容的說法時，立刻就大為動心，並開始養成喝紅酒的習慣。不過，為什麼喝紅酒會有美容效果呢？對此我還真的做了一番研究，得到的答案就是「抗氧化」。

　　葡萄本身所蘊含的養分非常豐富，包含能促進新陳代謝的鈣、鎂、鉀等微量元素，還有前面所提到的花青素、白藜蘆醇、胺基酸，這些都是難能可貴的營養成分。而且，酒精也可以刺激腸胃蠕動，促使體內的老舊穢物排出體外。基於以上這些原因，才讓紅酒有了養顏美容的功效。

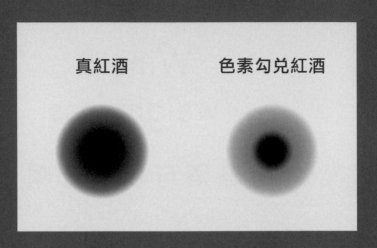

真紅酒　　　　　色素勾兌紅酒

確認紅酒品質
的小秘訣

　　喝紅酒有很多好處，但若是喝到劣質的
紅酒，別說養生了，恐怕還會傷身。在此介
紹一個簡單的方法來驗證紅酒的品質。在喝
紅酒前，先準備一張餐巾紙，將紅酒滴在餐
巾紙上，然後觀察顏色暈開的狀況，均勻擴
散開來的，就是好酒，因為酒液品質均一；
但若中間深而越擴散顏色越淺，就是劣質的
紅酒，因為劣質紅酒色素顆粒較大，且可能
有勾兌的情況。

Wine &
weight loss

喝紅酒可以瘦身嗎？

　　我在開始學著喝紅酒之後，的確體重有減輕一些，原本我認為那是因為我對吃的東西開始比較挑，且也不會再大吃大喝了，所以自然就瘦了下來。後來才知道，喝紅酒真的有瘦身的效果。

　　當我們喝了紅酒之後，身體的新陳代謝能力會有所提高，幫助贅肉分解消除，而且邊喝紅酒邊用餐會讓我們變得細嚼慢嚥，不僅不會吃過量，也有助於消化，這些都是喝紅酒能瘦身的原因。再者，喝紅酒可以消除體內的水腫，所以浮腫體質的人喝紅酒的瘦身效果最為顯著。

　　現在網路上正流行一種紅酒熱量調控的減重方法，原理就是在睡前以喝一杯紅酒配一片乳酪的方式來促進代謝率，這樣的組合能有利於贅肉脂肪的燃燒，有不少人都用這樣的方法成功瘦了好幾公斤。

紅酒減重關鍵

1　睡前半小時喝。
2　不要空腹喝，紅酒＋乳酪一起使用最好。
3　不要喝多，50ml 即可。

> 睡前來一杯熱紅酒，不但可以祛除身體的寒氣，
> 還能促進新陳代謝，增強血液循環。

教主的秘密武器：熱紅酒

生活在台灣，平常可能不容易喝到熱紅酒，甚至說不定有很多人連聽都沒聽過，但其實在歐洲，熱紅酒是非常普遍的家常飲品，已經有7百多年的歷史，每到冬天歐洲人都會習慣喝熱紅酒來驅寒暖身。

熱紅酒的製作方法，我會在後續食譜完整揭露，在此先簡單聊一下熱紅酒。

喝熱紅酒可以讓身體迅速熱起來，而且裡頭慣常會加的香料對女性都有好處，睡前來個一杯，能增強血液循環，並讓人更快入睡、睡得安穩。再者，熱紅酒可以幫助身體排出多餘的鹽分以及其他新陳代謝後的老舊廢物，達到排毒功效。

睡得好，而且能排毒，氣色自然就會很好，因此熱紅酒可以說是兼具養生及美容雙效的好飲品。

前面提到那麼多葡萄酒跟食物的搭配，以及食物對葡萄酒的氣味所帶來的影響，那麼，究竟什麼樣的餐酒組合會是絕配呢？哪些食物跟葡萄酒又是最好別亂混搭？這些問題我會在這個章節告訴大家。

　　首先，喜歡喝葡萄酒的愛好者經常會遇到的一個問題，就是酒開了喝不完怎麼辦？一般來說葡萄酒在開瓶之後最多只能保存 3～5 天，時間太久酒液就會開始變質，喝起來就沒那麼美味了。而且所謂的 3～5 天保存期，還得要靠正確的保存方式，也就是隔絕酒液與空氣的接觸，否則是撐不了那麼多天的。

基本上喝不完的葡萄酒有 4 個處理方式：
1　密封保存：用保鮮膜將瓶口封好，接著放進冰箱冷藏。
2　製作調酒：加上其他配料做成水果酒，或是前面所提到的熱紅酒。
3　葡萄酒入菜：在烹調過程中當作調味料加入食材中。
4　泡澡：紅酒泡澡可以促進血液循環，還能讓皮膚變得光滑柔嫩。

Wine & food.

葡萄酒與食物
怎麼搭才對味？

美食要有美酒搭

　　葡萄酒跟食物的搭配，可分成 4 個等級，第一是互相干擾，也就是最差的狀態，酒和食物彼此衝突，嘴裡的氣味複雜萬分，就跟我吃了生菜沙拉後再喝紅酒一樣，或者是用白肉魚配紅酒，味道也會相當大扣分；第二是味道平行，酒是酒、食物是食物，沒有彼此襯托，但也不至於拖累對方，如果沒有太過講究的話，大部分的餐酒組合大多會是這樣的結果；第三是彼此增色，酒讓食物吃起來更加美味，而食物也讓酒有了不同的風味，大家耳熟能詳的搭配組合大致上都屬於這個等級，像是紅酒配紅肉、白酒配白肉，氣泡酒配甜點等等；第四是絕配，又稱之為葡萄酒裡的婚姻關係，能達到這種程度的組合少之又少，的確是跟現實的婚姻情況挺像的。

餐酒搭配的
重點條列

- 簡易的配簡單的，複雜的配複雜的。
- 白葡萄酒 vs 海鮮，適當的果酸去腥增鮮。
- 紅葡萄酒 vs 牛排，適當的丹寧可軟化肉質纖維。
- 甜酒 vs 甜品，細緻甘甜的甜酒帶出甜點的豐富風味。
- 甜酒 vs 水果，建議使用稍有氣泡的甜酒搭配新鮮水果，清涼有勁。

經典的
葡萄酒與食物搭配

- 生蠔配白酒
- 香檳配魚子醬
- 波爾多配羊肉
- 波特酒配巧克力
- 灰皮諾配義大利帕爾瑪火腿

開瓶後無法即時喝完的紅酒，大部分會被拿來用在料理上，我會在後續整理幾個紅酒料理的食譜，讓大家可以在家裡自己嘗試看看。不過既然談到用葡萄酒作菜，有幾個重點一定要特別提醒大家。

避免使用料理葡萄酒

現在市面上有販賣料理專用的葡萄酒，為了方便入菜，業者會在葡萄酒裡添加調味料，像是海鹽之類的，另外也有會將酒精事先去除的產品。基本上葡萄酒非常天然，所以能給料理帶來自然的酸度和清爽感，但料理葡萄酒裡頭的添加物，反而會讓葡萄酒失去了天然的色彩，有點可惜。所以既然都要用葡萄酒作菜了，那就使用一般正常飲用的酒款吧。

加入適量的糖

紅酒的成分主要是水、糖、酸味、酒精、單寧等，當然還有各種營養素。將紅酒倒入料理中烹調時，可以先開大火將酒精蒸發，然後再慢慢讓紅酒收斂，變成濃稠的湯汁。不過，由於有些紅酒的糖分不是那麼高，料理時若沒有補些糖進去，煮出來的菜可能會聞起來很香，但吃起來卻又酸又澀。

用來醃漬肉類

紅酒跟白酒都可以拿來醃漬肉類，尤其是紅酒，因為含有更多的多酚和單寧，所以能讓肉質更加軟化，煮起來會更好咬。例如當我們買到較為乾柴的雞胸肉時，可以先用紅酒搭配糖、鹽、香料等調味料一起醃。羊排也是常會用紅酒先醃漬的料理之一，可以去除羊羶味。

葡萄酒料理怎麼做？

口味不合的紅酒，也盡量別拿來作菜

　　每個人對於紅酒的鑑賞都各有不同的標準，有的喜歡甜味、有的喜歡酸澀，所以基本上應該沒有哪一款酒能夠滿足所有人的喜好，喝到自己不喜歡的葡萄酒，也是所在多有的事情。假設真的買到一瓶自己並不是那麼喜歡的葡萄酒，那就忍痛割愛吧，因為即使拿來入菜，氣味恐怕也還是一樣。

美味紅酒食譜
大公開

5 Ways
to Cook
With
Red Wine

01　紅酒燉牛肉

食材準備

- 紅酒
- 牛肋條
- 紅蘿蔔
- 西芹
- 洋蔥
- 番茄
- 月桂葉
- 百里香
- 椒鹽
- 麵粉
- 奶油

料理步驟

1 先用紙巾擦乾牛肉的水分後切塊，接著將每一塊切好的牛肉都沾上麵粉。

2 熱好油鍋後將裹好麵粉的牛肉塊放進去，煎至 4 面都呈現金黃色後即可。

3 撈起牛肉，接著將奶油放入融化，倒入切丁洋蔥，炒至甜味竄出。

4 依序在鍋內放入紅蘿蔔塊、番茄塊等食材，炒到熟軟。

5 將牛肉放入一塊拌炒。

6 倒入紅酒，直到紅酒能將所有食材都覆蓋為止。

7 加入椒鹽、月桂葉、百里香等香料及調味料，轉小火熬煮約 1 小時，直到牛肉變得軟嫩。

8 熄火後再悶個 30 分鐘左右即可上桌。

02 熱紅酒

食材準備

- 紅酒
- 甜橙
- 蘋果
- 肉桂枝
- 薑片
- 丁香
- 肉豆蔻
- 黑糖
  （或蜂蜜）

料理步驟

1 在鍋內放入黑糖（或蜂蜜）及蘋果，以不加水的方式熬煮約 5 分鐘，讓蘋果變軟並帶有焦糖香氣。

2 依序放入薑片、月桂葉、丁香、八角、肉豆蔻、甜橙皮等食材，再煮個 3 分鐘左右。

3 慢慢加入紅酒，酒量依個人需求，想喝多少就倒多少。

4 以小火慢煮 10 分鐘，讓所有食材的香氣融入紅酒之中。

5 關火後進行過濾，倒入酒杯中以肉桂枝攪拌，可增添肉桂香氣。

各種香料食材
對身體的好處

· 白豆蔻：調整消化機能、預防
  口臭。
· 丁香：溫暖身體、改善月經不
  順。
· 黑胡椒：溫暖身體、調整消化
  機能。
· 檸檬：預防感冒、提升新陳代
  謝、放鬆身心。
· 蜂蜜：殺菌、抗氧化、改善
  肌膚問題、補充氨基酸與礦物
  質。
· 肉桂：補充鈣質、維持微血管
  健康、淡化斑點。
· 八角：幫助消化、促進血液循
  環。

同場加映：
紅酒燉西洋梨

　　將蘋果替換成西洋梨，重複
上述步驟，最後將西洋梨從紅酒
中撈出，即是風靡歐美的經典甜
點紅酒燉西洋梨。

03 紅酒義大利麵

食材準備

- 紅酒
- 義大利麵條
- 豬絞肉
- 杏鮑菇
- 起司粉
- 義大利麵
  肉醬

料理步驟

1 將豬絞肉及杏鮑菇炒熟,接著放入義大利麵肉醬。
2 倒入 150cc 左右的紅酒,並加熱到酒精揮發為止。
3 加入半熟的義大利麵條,拌煮到麵條熟透。
4 撒上起司粉,再稍微加熱一下收汁後即可上桌。

04 紅酒櫻桃鴨胸

食材準備

料理步驟

- 紅酒
- 鴨胸肉
- 橄欖油
- 櫻桃醬
- 馬鈴薯
- 玉米筍
- 黑胡椒
- 糖

1 先用黑胡椒醃一下鴨胸,並在鴨胸上用刀切幾刀。

2 將鴨胸兩面煎至金黃,馬鈴薯及玉米筍也可同時間一起乾煎。

3 食材從鍋中取出後,接著倒進紅酒、櫻桃醬、糖等調味料,開始製作鴨胸的沾醬。

4 將鴨胸切片,淋上醬汁即可上桌。

05 紅酒燉羊肩排

食材準備

- 紅酒
- 羊肩排
- 番茄
- 紅蘿蔔
- 洋蔥
- 馬鈴薯
- 蒜頭
- 香草
- 黑胡椒
- 荳蔻粉
- 麵粉
- 高湯

料理步驟

1 將羊肩排用紅酒、荳蔻粉、黑胡椒、香草等香料及調味料醃起來。

2 熱油鍋將羊肩排煎至兩面金黃。

3 取出羊肩排後,依序放入洋蔥、蒜末、番茄、紅蘿蔔等食材拌炒。

4 將蔬菜炒出水分後,放回羊肩排,並加入紅酒及高湯。

5 大滾後關小火悶煮 20 分鐘,接著加入馬鈴薯,再煮 20 分鐘,即可上桌。

葡萄酒小檔案

常見的
紅葡萄品種

· 卡本內蘇維翁 Cabernet
Sauvignon
· 波爾多 Bordeaux
· 梅洛 Merlot
· 黑皮諾 Pinot Noir
· 勃根地 Burgundy

常見的
白葡萄品種

· 夏多內 Chardonnay
· 勃根地 Burgundy
· 白蘇維翁 Sauvignon Blanc
· 波爾多 Bordeaux
· 麗絲玲 Riesling

190

更多適合用來搭配葡萄酒的小點心推薦

- 莫札瑞拉乳酪
- 法國麵包
- 火腿乳酪三明治
- 脆煎馬鈴薯
- 蒜煎鮮蝦
- 焦糖香蕉
- 乳酪薄餅
- 明太子馬鈴薯
- 鯛魚薄片
- 番茄鑲肉

葡萄酒的健康養生小常識

- 紅酒中的抗氧化成分能使罹患心血管疾病及第二型糖尿病的機率降低。
- 紅酒的益處來自單寧（也稱縮合鞣質），屬於多酚類，對控制血栓有幫助，能達到心臟健康及長壽的目的。
- 單寧含量高的紅酒喝起來較澀，但以健康層面來説相對較好。
- 紅酒放久了或許會更美味，但新釀的紅酒單寧含量較高，所以想對健康有益，反倒要喝年輕的紅酒。
- 紅酒的顏色來自於花青素，紅葡萄的皮就蘊含豐富的花青素。
- 幾乎所有紅酒都來自同一種類的葡萄，也就是釀酒葡萄（vitis vinifera）。
- 紅酒可促進食慾，有滋補作用，同時能幫助消化。
- 紅酒可美容抗衰老，因為含有聚酚類有機化合物。
- 紅酒有助於減肥，因為紅酒的熱量會被人體直接吸收並在四個小時內消耗掉，不會增加體重，而且還能補充人體所需水分及多種營養素，紅酒的單寧會讓脂肪難形成。
- 紅酒可防止水腫，維持體內酸鹼平衡。
- 提高新陳代謝，因為紅酒裡含有維他命C、E以及胡蘿蔔素。
- 美國研究紅酒可以預防肺癌。
- 喝紅酒可降低腿部動脈疾病的發生率，也可舒緩經痛。
- 痛風患者切忌喝紅酒，高血壓心臟病糖尿病患者也少喝為宜。

人氣紅酒介紹

Rafaèl

Valpolicella Classico Superiore DOC 2014

「拉斐爾」紅葡萄酒

Tommasi 家族旗下 RAFAÈL 莊園座落於 Valpolicella 產區中最經典的山丘位置，這片莊園種植著釀造 Valpolicella Classico Superiore 酒款所使用的最優質葡萄。經由 Tommasi 家族細心的栽植、嚴選葡萄和嚴謹的釀造技術打造出此獨一無二且數量非常有限的酒款。

品種： 60% Corvina Veronese，
25% Rondinella，
15% Molinara。
釀造： 於 6,500 公升的斯洛伐尼亞橡木桶中熟成 15 個月。
色澤： 深寶石紅色。
香氣 & 口感： 散發乾燥香料、皮革和櫻桃的香氣。口感集中，有香料和甜櫻桃的滋味。酒體平衡，豐富。
建議搭配： 佐肉醬的前菜、紅肉、白肉及起司。
試飲溫度： 16 ～ 18℃
酒精濃度： 12.5% vol.

Ripasso

Valpolicella Classico Superiore DOC 2014

「力帕索」紅葡萄酒

　　Tommasi 酒廠出產的 Ripasso 獨特的使用 Amarone 葡萄渣,再加上新鮮的 Valpolicella 葡萄汁再一次發酵而成。這種特殊釀造法,只在少數的好年份中使用,展現變化豐富的優越葡萄酒特性。

產地: Conca d'oro 地區的 La Groletta 和 De Buris 葡萄園。

品種: 70% Corvina Veronese,25% Rondinella,5% Corvinone。

釀造: 使用特殊的 Ripasso 釀造方式,與 Amarone 的葡萄皮再次發酵而成。斯洛伐尼亞橡木桶 18 個月熟成。

色澤: 寶石紅。

香氣 & 口感: 富有辛辣的胡椒香和少量的葡萄乾香。主體厚實飽滿,濃郁、辛辣並帶有櫻桃味,完美的平衡與滿足的滋味。

搭配: 紅白肉類、新鮮或陳年起司。

試飲溫度: 16 ～ 18℃

酒精濃度: 13% vol.

TOMMASI 家族聞名於世的經典酒款。AMAROME 是以特殊風乾葡萄釀製而成，酒質豐厚飽滿，TOMMASI 家族以百年經驗，堅持只有好年份才進行釀製。精選 Valpolicella 產區 3 種高海拔葡萄，經分次手工採收的全熟葡萄會置於通風木架上進行自然風乾，再於翌年 2 月釀造，裝瓶前皆須於斯洛伐尼亞大橡木桶中陳釀 3 年。不論是初學者或愛酒人士，皆會對這款酒的醇厚和飽滿感到驚艷。

Amarone
Valpolicella Classico DOCG 2012
「阿瑪洛內」紅葡萄酒

產地：ITALY – VALPOLICELLA 傳統產區。

品種：50% Corvina Veronese，15% Corvinone，30% Rondinella，5% Molinara。

釀造：3 年於斯洛伐尼亞大橡木桶。

色澤：深寶石紅。

香氣 & 口感：濃郁細緻。圓順厚實、饒富變化並帶有風乾葡萄的明顯差異性。

建議搭配：可佐餐搭配燒烤紅肉及老起士，亦為一絕佳之餐後及養生酒。

酒精濃度：15% vol.

顧婕專屬的紅酒頻道！最優雅又有品味的紅酒生活輕學習

姊婕的微醺小時光

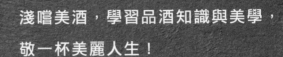

淺嚐美酒，學習品酒知識與美學，
敬一杯美麗人生！

兼具休閒與專業
的趣味交流。

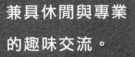

每一集都有精彩的特別來賓，
敬請期待！

請持續鎖定顧婕的粉專與YOUYUBE頻道

常景有機，一直以來推廣天然養生之保健食品，於全球各地提供服務據點。日本上越有機研發單位，藉由國際SGS檢驗單位，嚴格把關所有流程與成分品質安全。連續三年榮獲比利時世界品質品鑑大會之營養膳食和健康類產品獎。

常景獲獎，感恩有您！本著常景創辦人林心笛博士的初衷，傳遞健康分享愛，如果您正和病魔奮鬥，歡迎來電分享您的抗病經歷，林心笛博士將會贈送您一套「日本養身蔬菜湯」及「日本發芽玄米湯汁」，幫您加油打氣、對抗病魔。讓您邁向健康的路上決不孤單！

詳情洽詢：0800-801-999

https://5vegetal.com.tw/

ENHANCE®

常景養生體驗組

BeautyCam

Free gift

讀者限定
免費好禮

100%MIT的好紅酒 哈比農夫紅酒

哈比農夫是坐落於台灣嘉義的一個純樸鄉鎮，我們為了要讓每個人都可以擁有健康無毒的生活，所以從生技研發、工廠製造至貿易銷售，皆由公司一手經營管理，秉持著「誠信、踏實」的經營理念，對於每項商品嚴格把關，希望為我們下代子孫的健康可以盡一點心力。

葡萄酒就像是女人的化身，神秘而饒富的韻味。哈比農夫開始從是釀造以來，就一直想製作出屬於哈比農夫的葡萄酒，在茫茫的葡萄酒海中，將你一步步帶入品味葡萄酒的境界，享受微醺狀態身心的放鬆感，並找到適合自己的滋味。

哈比農夫貿易有限公司 Happy Nongfu Co., Ltd
62151 台灣 嘉義縣民雄鄉寮頂村頂寮3-12號
Fax：+886-5-2263036
Email：info@happy-nongfu.com

14%哈比農夫紅葡萄酒(莊園版)／哈比農夫紅酒(老鷹版)

來自義大利的卡本內蘇維濃(Cabernet Saivignon)，正是世界上最重要的
葡萄品中之一，不管在哪個產區幾乎都會看到它的身影。果皮厚實、晚熟，
所以單寧強勁，酒體飽滿，並且混和了梅諾(Merlot)。具有黑色漿果（黑莓
、黑醋栗）和櫻桃的果香，同時也帶有煙燻與紫羅蘭的香味；適合含鐵量高
的蛋白質，例如牛羊肉與燒烤海鮮，是尾韻絕佳的佐餐好酒！

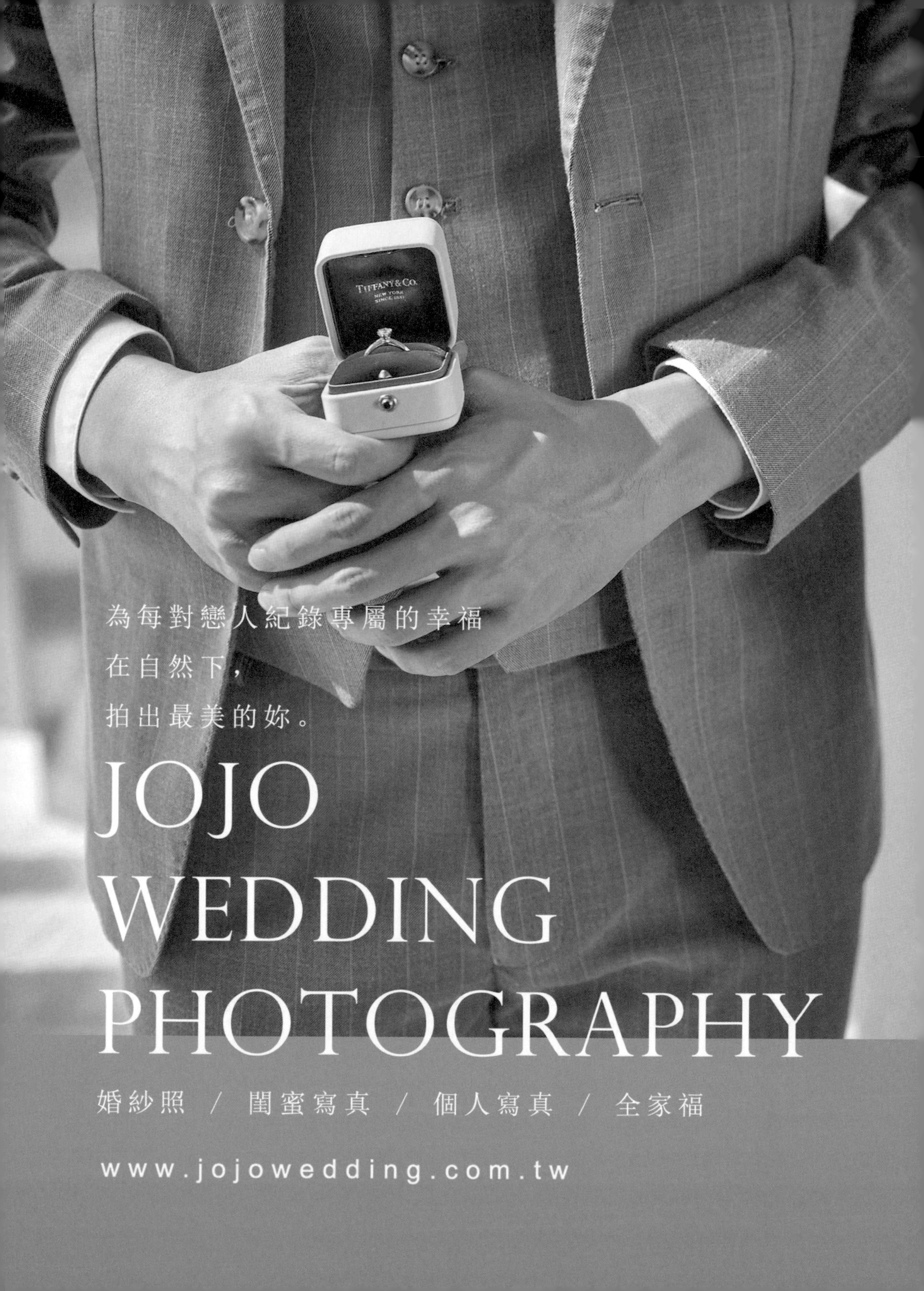

為每對戀人紀錄專屬的幸福
在自然下，
拍出最美的妳。

JOJO
WEDDING
PHOTOGRAPHY

婚紗照 / 閨蜜寫真 / 個人寫真 / 全家福

www.jojowedding.com.tw

Prewedding / Family / Bistie / Portrait

旅拍／婚紗／写真集

掃描QRcode專人介紹
預約拍攝方案拍照本頁面
即刻享價值$8000好禮

【渠成文化】Pretty life 013

顧盼生姿
凍齡教主顧婕的紅酒養身寶典

作　　　者	顧　婕
圖書策劃	匠心文創
發 行 人	陳錦德
出版總監	柯延婷
執行編輯	李喬智
文字協力	葛惟庸
封面協力	L.MIU Design
內頁編排	邱惠儀
E-m a i l	cxwc0801@gmail.com
網　　　址	www.facebook.com/CXWC0801
總 代 理	旭昇圖書有限公司
地　　　址	新北市中和區中山路二段 352 號 2 樓
電　　　話	02-2245-1480（代表號）
印　　　製	鴻霖印刷傳媒股份有限公司
定　　　價	新台幣 380 元
初版一刷	2021 年 9 月

ISBN 978-986-06084-2-7

Special Thanks

本 書 影 像 合 作
· 特 別 感 謝 ·

內頁攝影場地提供
/ 白金花園酒店
Platinum Hotel

禮服妝髮與封面主視覺
/ JOJO 婚紗攝影

卓越雜誌	鄭玉章
華藝娛樂	劉啟瑞
內頁造型	蕭芯彤
內頁攝影	洪士凱
	小杜

國家圖書館出版品預行編目（CIP）資料

顧盼生姿：凍齡教主顧婕的紅酒養身寶典 / 顧婕
著. -- 初版. -- 臺北市 : 匠心文化創意行銷, 2021.09
　面；　公分.
ISBN 978-986-06084-2-7（平裝）

1.葡萄酒 2.品酒

463.814　　　　　　　　　　　　　110000396

U0067906